NOUVEAU SYLLABAIRE,

OU

ÉLÉMENS DE LECTURE

DES

LANGUES FRANÇAISE ET LATINE.

A LYON,
CHEZ M. P. RUSAND, IMPRIMEUR DU CLERGÉ.
1829.

Imprimerie de Rusand.

AVERTISSEMENT.

Le premier livre qu'on met entre les mains d'un enfant pour lui apprendre à lire, doit être un Syllabaire français, qui contienne presque toutes les syllabes de cette langue; mais rangées de telles manière, que le jeune lecteur puisse, en très-peu de temps, les apprendre à lire, et retenir dans sa mémoire les lettres qui composent chaque syllabe; cela le disposera, par la suite, à l'orthographe.

Il est bien singulier qu'on ait imaginé tant de méthodes pour apprendre à lire facilement aux enfans, et qu'on ne se soit pas arrêté à celle qui sembloit se présenter le plus naturellement, on veut dire à celle du Syllabaire, telle qu'on l'offre aujourd'hui au Public. Il ne faut qu'y jeter un coup d'œil, pour se convaincre, tout à la fois, de sa simplicité et de sa bonté.

On va exposer rapidement les principes.

Après avoir exposé en tête et pour première leçon les tableaux des différens caractères ou lettres, on place ensuite, en deux colonnes, c'est-à-dire en deux pages en regard, d'un côté au *verso*, le tableau des syllabes de deux lettres, la consonne étant mise avant la voyelle; et de l'autre côté au *recto*, celui des mots composés des mêmes syllabes; de façon que l'enfant, après avoir appris la valeur et la prononciation de chaque lettre, et à prononcer dans le tableau *a-do-re*, etc., lit dans le tableau en face, le mot *adore*, sans épeler, ou en épelant, selon la volonté de l'instituteur : l'épellation semble être un moyen plus facile pour lire avec hardiesse, et disposera encore mieux le jeune lecteur à l'orthographe. Il est vrai qu'il faut plus de répétitions et de temps; mais sitôt que l'écolier saura bien épeler toutes les syllabes, il pourra prononcer les mots tout de suite sans hésiter, et lira plus hardiment que celui qui aura appris à lire sans épeler.

ALPHABET.

a b c d e f g h i j
k l m n o p q r s t
u v x y z.

Les cinq voyelles : a e i o u y.

Les dix-neuf consonnes sont :
b c d f g h k l m n p q r s t
v x.

CAPITALES.

A B C D E F G H I J K
L M N O P Q R S T U
V X Y Z.

Les dix figures des chiffres ou numéros.
1 2 3 4 5 6 7 8 9 0.
Fin des Caractères.

1.

Première Leçon syllabique.

N.os 1	2	3	4	5
a	e	i	o	u
ba	be	bi	bo	bu
ca	ce	ci	co	cu
da	de	di	do	du
fa	fe	fi	fo	fu
ga	ge	gi	go	gu
ha	he	hi	ho	hu
ja	je	ji	jo	ju
ka	ke	ki	ko	ku
la	le	li	lo	lu
ma	me	mi	mo	mu
na	ne	ni	no	nu
pa	pe	pi	po	pu
qua	que	qui	quo	quu
ra	re	ri	ro	ru
sa	se	si	so	su
ta	te	ti	to	tu
va	ve	vi	vo	vu
xa	xe	xi	xo	xu
za	ze	zi	zo	zu

OBSERVATION.

e	é	è	ê	le	lé	lè	lê
be	bé	bè	bê	ge	gé	gè	gê
de	dé	dè	dê	re	ré	rè	rê

Première Lecture.

N.º 1. a-do-re, ha-bi-le, ma-da-me, pa-pe, sa-la-de, La-za-re, vi-sa-ge, ra-va-ge, dé-jà, il ga-gea, é-ga-le, ca-ne, ca-ma-ra-de, qua-li-té, sa-ge, fa-ça-de, il ta-xa, il fi-xa, co-a-li-sé.

N.º 2. È-ve, Hé-lè-ne, mé-ri-te, bé-ni, cé-le-ri, vé-ri-té, zé-ro, pe-sé, é-le-vé, dé-ga-gé, ca-fé, pi-qué, ta-xé, fi-xé, e-xa-mi-né.

N.º 3. i-ci, Hip-po-ly-te, mi-li-te, su-bi-te, fi-ni, li-re, di-re, zi-za-nie, vi-si-te, ce-ci, pi-pe, o-li-ve, é-qui-té.

N.º 4. o-bo-le, ho-no-ré, mo-de, po-li, jo-li, vo-lu-me, fo-ru-re, zô-ne, dé-so-lé, né-go-ce, co-lo-ré, pi-co-té.

N.º 5. u-su-re, hu-mi-de, pu-ni, re-vu, ju-ge, a-zu-ré, me-su-re, sû-re, re-çu, fi-gu-re, cu-ré, pi-qû-re, fu-tu-re, dé-lu-ge.

OBSERVATION.

dure	duré	père	pêle
cure	curé	fève	fête
lime	limé	sévère	mêlé
juge	jugé	misère	même.

Seconde Leçon syllabique.

N.º 1.	ab	eb	ib	ob	ub
	ac	ec	ic	oc	uc
	ad	ed	id	od	ud
	ag	eg	ig	og	ug
	ap	ep	ip	op	up
	as	es	is	os	us
	ax	ex	ix	ox	ux

N.º 2.	bla	ble	bli	blo	blu
	cla	cle	cli	clo	clu
	fla	fle	fli	flo	flu
	gla	gle	gli	glo	glu
	pla	ple	pli	plo	plu

N.º 3.	bra	bre	bri	bro	bru
	cra	cre	cri	cro	cru
	dra	dre	dri	dro	dru
	fra	fre	fri	fro	fru
	gra	gre	gri	gro	gru
	pra	pre	pri	pro	pru
	tra	tre	tri	tro	tru
	vra	vre	vri	vro	vru
	chra	chre	chri	chro	chru

N.º 4.	cha	che	chi	cho	chu
	gna	gne	gni	gno	gnu
	illa	ille	illi	illo	illu
	gua	gue	gui	guo	gu

Seconde Lecture.

N.º 1. ab-so-lu, ob-te-nu, ad-mi-ré, ag-nus, ac-te, ac-ti-vi-té, as-pi-ré, as-tre, es-ti-me, his-to-ri-que, es-pèce, ex-ta-se, ex-ci-té, ex-cep-té, hos-ti-li-té.

N.º 2. bla-mâ-ble, blâ-mé, flat-té, une pla-ce, dé-cla-ré, la gla-ce, flé-tri, plé-ni-tu-de, dé-ré-glé, u-ne clé, ré-pli-qué, é-ta-bli, af-fli-gé, é-gli-se, blo-qué, flot-té, le glo-be, u-ne clo-che, blu-té, de la glu, plus, flu-i-de.

N.º 3. bra-ve, dra-gée, fra-gi-le, pra-ti-qué, la grâ-ce, u-ne tra-ce, pré-pa-ré, chif-fré, dé-li-vré, a-gré-a-ble, cré-pi, vô-tre, nô-tre, bri-de, fri-vo-le, u-ne gri-ve, Tri-ni-té, le cri-me, op-pri-mé, bro-dé, fro-ma-ge, tro-qué, u-ne grot-te, brû-lé, u ne pru-ne, fru-ga-le, cru-di-té, le saint-Chrê-me, le Christ, Jé-sus-Christ.

N.º 4. cha-ri-té, ra-che-té, re-lâ-ché, chi-che, cho-pi-ne, chu-te, re-chute, il si-gna, u-ne si-gna-tu-re, vi-gne, rè-gne, si-gné, di-gni-té, si-gni-fié, vi-gno-ble, ro-gnu-re, il ta-illa, la ba-ta-ille, ta-illu-re, il se fa-ti-gua, gué-ri, gui-dé, fi-gue, or-gue.

Troisième Leçon syllabique.

N.os 1	2	3	4	5
al	el	il	ol	ul
bal	bel	bil	bol	bul
cal	*cel*	*cil*	col	cul
dal	del	dil	dol	dul
fal	fel	fil	fol	ful
gal	*gel*	*gil*	gol	gul
mal	mel	mil	mol	mul
nal	nel	nil	nol	nul
pal	pel	pil	pol	pul
qual	quel	quil	quol	qul
ral	rel	ril	rol	rul
sal	sel	sil	sol	sul
tal	tel	til	tol	tul
val	vel	vil	vol	vul
xal	xel	xil	xol	xul
chal	chel	chil	chol	chul
gnal	gnel	gnil	gnol	gnul

———

N.o 6. ail	eil	ille
bail	beil	bille
rail	reil	rille
tail	teil	tille
mail	meil	*mille*
vail	veil	*ville*

Troisième Lecture.

N.º 1. al-té-ré, al-te, le bal, le mal, ri-val, ca-nal, é-gal, fa-tal, cal-cul, gé-né-ral, e-xal-té, e-xha-lé, spé-ci-al, pal-pi-té, sé-né-chal, le si-gnal, ma-ré-chal.

N.º 2. le bel hô-tel, fi-del, du sel, tel, le du-el, le ciel, du mi-el, vé-ni-el, spi-ri-tuel, o-ri-gi-nel, le-quel Mi-chel, Ra-pha-el, Ga-bri-el.

N.º 3. le ba-bil, y a-t-il, du fil, ci-vil, ba-ril, fu-sil, e-xil, qu'il, pu-é-ril.

N.º 4. le bé-mol, le col, pa-ra-sol, ros-si-gnol, es-pa-gnol.

N.º 5. nul, cul-bu-té, mul-ti-tu-de, cul-te.

N.º 6. ail, bail, tra-vail, at-ti-rail, qu'il fail-le, de la pail-le, ca-nail-le.

Œil, l'œil, le ré-veil, pa-reil, le so-leil, du ver-meil, le viel, or-gueil, é-cueil.

U-ne a-beil-le, pa-reil-le, la vieil-le, o-reil-le, gro-seil-le, u-ne treil-le, la veil-le.

Une fil-le, une bil-le, une quil-le, pil-lé, la *vil-le*, qua-tre *mil-le*.

Quatrième Leçon syllabique

N.os 1	2	3	4	5
ar	er	ir	or	ur
bar	ber	bir	bor	bur
car	cer	cir	cor	cur
dar	der	dir	dor	dur
far	fer	fir	for	fur
gar	ger	gir	gor	gur
har	her	hir	hor	hur
jar	jer	jir	jor	jur
lar	ler	lir	lor	lur
mar	mer	mir	mor	mur
nar	ner	nir	nor	nur
par	per	pir	por	pur
quar	quer	quir	quor	qur
sar	ser	sir	sor	sur
tar	ter	tir	tor	tur
var	ver	vir	vor	vur
xar	xer	xir	xor	xur
zar	zer	zir	zor	zur
char	cher	chir	chor	chur
illar	iller	illir	illor	illur
gnar	gner	gnir	gnor	gnur

N.° 6.				
ac	ec	ic	oc	uc
bac	bec	bic	boc	buc
pac	pec	pic	poc	puc
sac	sec	sic	soc	suc

Quatrième Leçon.

N.º 1. ar-mé, har-di, par-ti, mar-di, far-dé, re-gar-dé, car, é-car-té, car-dé, quar-ré, l'armé-e, re-tar-dé, ha-sar-dé, jar-di-nière, char-gé, la gar-de, ga-illar-de, mi-gnar-de.

N.º 2. er-ré, her-be, ver-te, li-ber-té, per-du, fer-ti-le, ger-mé, la mer, du fer, a-mer-tu-me, ser-vir, cer-tes, a-ler-te, la per-te, du ver-re, la ter-re, dé-ser-te, e-xer-cé, cher-ché, le cier-ge, une vier-ge, cler-gé.

N.º 3. su-bir, l'ave-nir, fuir, du cuir, vir-gu-le, ex-tir-pé, vir-gi-ni-té.

N. 4. or-du-re, hor-lo-ge, for-te, dor-mir, la por-te, bor-dé, Geor-ge, é-gor-gé, la gor-ge, une cor-de, sor-tir, la mort, sur le bord, du port, ex-hor-té, d'a-bord, alors, ab hor-ré.

N.º 5. ur-ne, hur-lé, sur, le mur, fu-tur, l'a-zur, sûr.

N.º 6. du ta-bac, le sac, le lac, duc, pic, sec, le bec, le res-pect, sus-pect, as-pect, res-pec-té, O-bed, Jé-ru-sa-lem, Jo-seph, a-vec, saint Roch, A-ma-lec, chef, Job, le ga-lop, du si-rop, trop tôt, na-tif, da-tif, vic-ti-me, du bo-rax, le tho-rax.

Cinquième Leçon syllabique.

N.os	1	2	3	4	5
	as	es	is	os	us
	bas	bes	bis	bos	bus
	cas	ces	cis	cos	cus
	das	des	dis	dos	dus
	fas	fes	fis	fos	fus
	gas	ges	gis	gos	gus
	jas	jes	jis	jos	jus
	las	les	lis	los	lus
	mas	mes	mis	mos	mus
	nas	nes	nis	nos	nus
	pas	pes	pis	pos	pus
	ras	res	ris	ros	rus
	vas	ves	vis	vos	vus

N.º 6.	at	et	it	ot	ut
	bat	bet	bit	bot	but
	dat	det	dit	dot	dut
	lat	let	lit	lot	lut
	rat	ret	rit	rot	rut

N.º 7.	pha	phe	phi	pho	phu
	phra	phre	phri	phro	phru
	tha	the	thi	tho	thu
	rha	rhe	rhi	rho	rhu
	chra	chre	chri	chro	chru

Cinquième Lecture.

N.º 1. bas-cu-le, pas-cal, fas-te, vas-te, j'as-pi-re, du mas-tic.

Hé-las, Ni-co-las, tu vas, pas à pas, tu di-ras à Tho-mas, que tu ju-geas, là-bas, en ce cas-là.

N.º 2. es-ti-me, es-pè-ce, j'es-pè-re, ges-te, l'es-ti-me, la pes-te, res-te, ves-ti-bu-le, pes-ti-fé-ré, mo-des-te, les-te, ma-jes té, mys-tè-re, tris-tes-se, pis-to-let, pos-te, jus-ti-ce, a-jus-té.

mes, les, des, ses, tes, ces. mes bas, tes li-vres, ses plu-mes, les cho-ses, que tu ga-gnes, les car-tes.

N.º 3. De-nis, tu re-mis, vis-à-vis, le prix, de six, per-drix, le cru-ci-fix.

N.º 4. le dos, nos, clos, le re-pos, vos, pro-pos, trop gros, fa-gots, ha-ri-cots.

N.º 5. le re-fus, par-des-sus, l'a-bus.

N.º 6. le chat, se bat, a-vec, les rats, l'é-tat, de sol-dat, a-vo-cat, cé-li-bat, le plat, l'ha-bit, le re-but.

Bi-det, la-cet, va-let, mu-let, mu-et, ca-det, u-ne fo-rêt, le ca-ba-ret, le ca-chet, d'un pa-quet, le se-cret, le re-gret, du dé-cret.

N.º 7. pha-se, phé-no-mè-ne, pro-phète, Phi-lip-pe, Ca-the-ri-ne, Thé-rè-se, le Rhô-ne, le rhume, en-rhu-mé.

Sixième Leçon syllabique.

N.ᵒˢ	1	2	3	4
	ia	ie	io	ui
	bia	bie	bio	bui
	cia	cie	cio	cui
	dia	die	dio	dui
	fia	fie	fio	fui
	gia	gie	gio	gui
	lia	lie	lio	lui
	pia	pie	pio	pui
	sia	sie	sio	sui
	tia	tie	tio	tui
	via	vie	vio	vui
	xia	xie	xio	xui

| ya | ye | yi | yo | yu |

N° 5.

é	ée	ez	er	iez	ier
bé	bée	bez	ber	biez	bier
cé	cée	cez	cer	ciez	cier
dé	dée	dez	der	diez	dier
fé	fée	fez	fer	fiez	fier
pé	pée	pez	per	piez	pier
qué	quée	quez	quer	quiez	quier
gué	guée	guez	guer	guiez	guier
ché	chée	chez	cher	chiez	chier
gné	gnée	gnez	gner	gniez	
illé	illée	illez	iller	illiez	
yé	yée	yez	yer	yiez	

Sixième Lecture.

N.º 1. dia-ble, il nia, le ma-ri-a-ge, vi-a-ti-que, il se fi-a, il se ré-fu-gia, il pr-ia, il cri-a, par-ti-al, sa-ti-a-ble, il pu-bli-a, l'A-ve Ma-ria, il paya, il raya, le voyage, payable.

N.º 2. de la biè-re, la niè-ce, fiè-re, si-xiè-me, di-xiè-me, une piè-ce, du liége, le St. Sié-ge, l'a-mi-tié, de pi-tié, la vi-e, Ma-rie, bé-ni-e, el-le, pri-e, el-le pu-blie, el-le cri-e, le pays, rayé, la vi-e, bé-nie, mi-nu-te, i-nep-tie, pro-phé-ti-e.

N.º 3. une fi-ole, pio-ché, vio-lé, la ru-e, me-nu-e, re-vu-e, re-çu-e.

N.º 4. hui-le, la fui-te, de l'hui-le, re-lui-re, la sui-te, rui-né, dé-dui-re, puis-que, gui-dé, les Juifs, cui-re, du suif, vi-dé, le bruit, du fruit, cuit, le cir-cuit, des bis-cuits.

N.º 5. é-le-vé, se-mé, du thé, pa-ra-phé, la vé-ri-té, dé-so-lé, mo-dé-ré, un tro-phé-e,

la ge-lé-e, la ro-sé-e, la du-ré-e, de l'an-né-e, pas-sé-e, une cho-se, a-gré-ée, une a-me cré-ée,

ve-nez, par-lez, é-vi-tez, al-lez, so-yez, cro-yez, ré-pri-mez, pri-ez pu-bliez, cri-ez, vo-yez, assez,

cher-cher, à tra-vail-ler, é-vi-ter, d'y al-ler, se pro-me-ner, se glo-ri-fier, du mé-tier, d'é-pi-cier,

l'o-sier, de l'a-cier, du pa-pier, le no-yer, le fo-yer, lé-ger.

Septième Leçon syllabique.

N.os 1	2	3	4	5
an	en	in	on	un
ban	ben	bin	bon	bun
can	*cen*	*cin*	con	cun
dan	den	din	don	dun
fan	fen	fin	fon	fun
gan	*gen*	*gin*	gon	gun
han	hen	hin	hon	hun
jan	jen	jin	jon	jun
man	men	min	mon	mun
nan	nen	nin	non	nun
pan	pen	pin	pon	pun
quan	quen	quin	quon	quun
ran	ren	rin	ron	run
san	sen	sin	son	sun
tan	ten	tin	ton	tun
van	ven	vin	von	vun
xan	xen	xin	xon	xun
yan	yen	yin	yon	yun
zan	zen	zin	zon	zun
chan	chen	chin	chon	chun
illan	illen	illin	illon	illun
gnan	gnen	gnin	gnon	gnun
guan	guen	guin	guon	gun

Septième Lecture. 17

N.º 1. an-ti-do-te, la han-che, tan-te, di-man-che, san-té, la dan-se, fan-fa-re, fan-tô-me, me-na-çan-te, mé-di-san-ce, saint Jean, chan-gean-te, u-ne gan-se, can-ti-que, quan-ti-té, fa-ti-gan-te, payan-te, ré-pu-gnan-te, vail-lan-te, fa-ïen-ce, am-bi-gu, u-ne jam-be, la lam-pe, cam-pé, à la cham-bre.

N.º 2. en-se-ve-li, Hen-ri, la pen-te, u-ne ren-te, en-gen-dré, la sen-ten-ce, pru-den-te, cen-su-ré, u-ne ven-te.

Em-pi-re, tem-pé-ré, en-sem-ble, Ma-yen-ce, l'e-xem-ple, du temps.

N.º 3. in-fi-ni, min-ce, du vin, fin, sé-ra-phin, saint Le-zin, cou-sin, sin-cè-re, mé-de-cin, la-tin, im-pie, tim-bré, vingt-cinq.

N.º 4. on-de, hon-te, bon-té, mon-de, du sa-von, fon-du, Al-phon-se, du me-lon, jon-ché, la le-çon, la fa-çon, un ma-çon, con-çu, un dra-gon, des pi-geons, man-chon, ren-con-tré, un pa-pil-lon, mi-gnon, voyons, le ray-on, om-bre, som-bre, com-pè-re, tom-bé.

N.º 5. un lun-di, dé-funt, a-lun, qu'un, cha-cun, quel-qu'un, à jeun, hum-ble.

18 *Huitième Leçon syllabique.*

N.º 1.

blan	blen	blin	blon	blun
clan	clen	clin	clon	clun
flan	flen	flin	flon	flun
glan	glen	glin	glon	glun
plan	plen	plin	plon	plun

N.º 2.

bran	bren	brin	bron	brun
cran	cren	crin	cron	crun
dran	dren	drin	dron	drun
fran	fren	frin	fron	frun
gran	gren	grin	gron	grun
pran	pren	prin	pron	prun
tran	tren	trin	tron	trun
vran	vren	vrin	vron	vrun

N.º 3.

im	ain	ein	oin
dim	dain	dein	doin
fim	fain	fein	foin
gim	gain	gein	goin
lim	lain	lein	loin
mim	main	mein	moin
pim	pain	pein	poin
sim	sain	sein	soin
tim	tain	tein	toin

Huitième Leçon.

N.º 1. blan-che, Flan-dre, une plan-che, san-glan-te, le dé-clin, plain-te, blon-de, plon-gé, du plomb, plom-bé.

N.º 2. une bran-che, re-tran-ché, la Fran-ce, dé-li-vran-ce, gran-de tran-si, un ca-dran, é-cran, pren-dre, tren-te, trem-blé, en-sem-ble.

du crin, prin-ce, grin-cé, la crain-te, em-prein-te, le frein, plein, res-trein-dre, la plain-te, con-train-te.

une fron-de, bron-zé, un es-ca-dron, plas-tron, dé-li-vrons, un pa-tron, gron-dé, le front, un tronc, un jonc, prompt, brun, em-prun-té.

N.º 3. im-bi-bé, sim-ple, cym-ba-le, re-gim-bé, ain-si, de-main, du pain, la faim, sain-te, le dé-dain, par-rain, le gain, pro-chain, Ca-ïn, pu-bli-cain, le train, du gain.

La fein-te, é-rein-té, un pein-tre, tein-ture, en-cein-te, le sein, cein-ture, le frein, plein.

Oin-dre, join-dre, le moin-dre, poin-te, du foin, loin-tain, le soin, un coin, be-soin.

Neuvième Leçon syllabique.

N.º 1	2	3	4	5
au	eu	ou	oi	ai
bau	beu	bou	boi	bai
cau	ceu	cou	coi	cai
dau	deu	dou	doi	dai
fau	feu	fou	foi	fai
gau	*geu*	gou	goi	gai
hau	heu	hou	hoi	hai
jau	jeu	jou	joi	jai
lau	leu	lou	loi	lai
mau	meu	mou	moi	mai
nau	neu	nou	noi	nai
pau	peu	pou	poi	pai
quau	queu	quou	quoi	quai
rau	reu	rou	roi	rai
sau	seu	sou	soi	sai
tau	teu	tou	toi	tai
vau	veu	vou	voi	vai
xau	xeu	xou	xoi	xai
yau	yeu	you	yoi	yai
zau	zeu	zou	zoi	zai
chau	cheu	chou	choi	chai
illau	illeu	illou	illoi	illai
gnau	gneu	gnou	gnoi	gnai
gau	geu	gou	goi	gai

Neuvième Lecture.

N.º 1. au-ne, hau-te, jau-ne, du bau-me, saint Paul, é-pau-le, gau-che, fau-te, d'au-tre, de la mau-ve, pau-vre, sau-ce, du sau-le, cau-se, chau-de, sauf, Guil-lau-me, é-chauf-fé, quel-qu'au-tre, noy-au, roy-au-me, e-xau-cé, l'eau.

N.º 2. Eu-ro-pe, heu-re, jeu-ne, peu-ple, de-meu-re, peu à peu, veu-va-ge, seu-le, le feu, fâ-cheu-se, soi-gneu-se, meil-leu-re, le deuil, u-ne feuil-le, gueu-le, mo-queu-se, pa-res-seu-se, ceux, œu-vre, œuf, bœuf, des nœuds.

N.º 3. ou-tre, houp-pe, un mou-le, fou-lé, u-ne voû-te, tou-te, ja-lou-se, dou-ze, un chou, rou-ge, bi-jou, ga-zouil-lé, la gout-te, cou-tu-me, nous, vous, cail-lou.

N.º 4. oi-si-ve, hoi-rie, voi-ci, Be-noî-te, un moi-ne, é-toi-le, his-toi-re, la joie, le foie, la foi, la loi, le roi, choi-si, mâ-choi-re, bai-gnoi-re, bouil-loi-re, quoi-que, an-gois-ses.

N.º 5. ai-dé, à faire, u-ne pai-re, sou-hai-té, le mai-re, j'ai-me, Ma-de-lei-ne, qu'ai-je, ai-je, la chaî-ne, sou-ve-rai-ne, mar-rai-ne, u-ne dou-zai-ne, pro-chai-ne, u-ne gaî-ne, mais, ja-mais, vi-cai-re, re-li-quai-re, le pays, Si-na-ï, Sé-me-ï, Hé-loï-se, Mo-ï-se, I-sa-ïe, Sa-ül, E-sa-ü, hé-ro-ï-que, A-dé-la-ï-de, ha-ï, pay-é.

Dixième Leçon syllabique.

N.º 1.

blau	bleu	blou	bloi	blai
clau	cleu	clou	cloi	clai
fla u	fleu	flou	floi	flai
glau	gleu	glou	gloi	glai
plau	pleu	plou	ploi	plai

N.º 2.

brau	breu	brou	broi	brai
crau	creu	crou	croi	crai
drau	dreu	drou	droi	drai
frau	freu	frou	froi	frai
grau	greu	grou	groi	grai
prau	preu	prou	proi	prai
trau	treu	trou	troi	trai
vrau	vreu	vrou	vroi	vrai

N.º 3.

è	ê	es	est
lè	lê	les	l'est
dè	dê	des	d'est
sè	sê	ses	s'est
tè	tê	tes	t'est
cè	cê	ces	c'est

Dixième Lecture.

N.º 1. Claude, applaudi, Guil-lau-me, pleu-ré, fleu-ri, du feu, bleu, clou-é, é-blou-i, la gloi-re, ex-ploi-té, le cloî-tre, St. Blaise, dé-plai-re, Ste. Clai-re, é-clai-ré, un glai-ve, une haie, une claie, des raies.

N.º 2. frau-de, hé-breu, creu-sé, la preuve, af-freu-se, brou-té, la trou-pe, re-trou-vé, un grou-pe, prou-vé.

Am-broi-se, croi-sé, la proie, droi-ture, froi-de, é-troi-te, le froid, la croix.

de la brai-se, trai-té, des frai-ses, de la graine, prai-rie, le vrai, por-trait, ex-trai-re, de la craie, la re-trai-te.

N.º 3. Hé-lè-ne, co-lè-re, sé-vè-re, sin-cère, a-près, le dé-cès, très, près, les pro-cès, des succès, à l'excès, le pro-grès, ex-près.

È-ve, même, bête, la tê-te, u-ne fê-te, la gê-ne, ex-trê-me, Ba-rê-me, su-prê-me, la crè-che, prê-che, les vê-pres.

il est vrai, est-ce sûr, qu'il s'est tué, c'est-à-dire, qu'il m'est cher, ce n'est pas jus-te, qu'est-ce que c'est?

Onzième Leçon syllabique.

N.ᵒˢ 1   2   3   4   5

1	2	3	4	5
eau	eur	our	oir	air
beau	beur	bour	boir	bair
ceau	ceur	cour	coir	cair
deau	deur	dour	doir	dair
feau	feur	four	foir	fair
geau	*geur*	gour	goir	gair
jeau	jeur	jour	joir	jair
leau	leur	lour	loir	lair
meau	meur	mour	moir	mair
neau	neur	nour	noir	nair
peau	peur	pour	poir	pair
queau	queur	quour	quoir	quair
reau	reur	rour	roir	rair
seau	seur	sour	soir	sair
teau	teur	tour	toir	tair
veau	veur	vour	voir	vair
cheau	cheur	chour	choir	chair
gneau	gneur	gnour	gnoir	gnair

N°. 6.

sca	sce	sci	sco	scu
spa	spe	spi	spo	spu
sta	ste	sti	sto	stu

N.° I.

Onzième Lecture.

N.º 1. eau, de l'eau, ha-meau, u-ne peau, de veau, le bu-reau, un far-deau, un beau ta-bleau, des cha-peaux, un mor-ceau, d'a-gneau, le ton-neau, des ci-seaux, les car-reaux.

N.º 2. heur-té, la beur, va-peur, cla-meur, fai-seur, lar-geur, ma sœur, la ri-gueur, le cœur, du pé-cheur, la li-queur, d'ail-leurs, le meil-leur, tail-leur, la fray-eur, cor-roy-eur, le mal-heur, du bon-heur, le chœur de l'é-gli-se, les mœurs.

N.º 3. our-dir, à re-bours, tou-jours, pour l'a-mour, du ve-lours, en-gour-di, le re-tour, four-nir, la nour-ri-tu-re, le cours, sour-de, du se-cours, le dis-cours.

N.º 4. vou-loir, le pou-voir, le soir, é-gru-geoir, s'as-seoir, un per-çoir, le mi-roir, un mou-choir, ra-soir.

N.º 5. air, l'air est clair, im-pair, de la chair.

N.º 6. sa-cri-fi-er, sculp-ter, scri-be, scé-lé-rat, sco-las-ti-que, eu-cha-ris-tie, la sci-en-ce, la cons-ci-en-ce, des cen-dres, pa-ti-en-ce, spé-cial, spi-ri-tu-el, sta-bi-li-té, sté ri-li-té, stu-pi-de, scan-da-le, sus-ci-té, res-sus-ci-té, res-ci-si-on.

1 2 3 4 5 6 7 8 9 10

2

26 *Douzième Leçon syllabique.*

N.ᵒˢ	1	2	3	4
	ian	ien	ion	ieu
	bian	bien	bion	bieu
	cian	cien	cion	cieu
	dian	dien	dion	dieu
	fian	fien	fion	fieu
	gian	gien	gion	gieu
	lian	lien	lion	lieu
	mian	mien	mion	mieu
	nian	nien	nion	nieu
	pian	pien	pion	pieu
	rian	rien	rion	rieu
	sian	sien	sion	sieu
	tian	tien	tion	tieu
	vian	vien	vion	vieu
	chian	chien	chion	chieu

N.º 5.

oua	oue	oui	ouan	ouon
loua	loue	loui	louan	louon
joua	joue	joui	jouan	jouon
voua	voue	voui	vouan	vouon
roua	roue	roui	rouan	rouon
noua	noue	noui	nouan	nouon

11   12   13   14   15   16   17

Douzième Leçon. 27

N.º 1. fian-cé, la vian-de, rian-te, châ-tiant, ré-fu-giant, sup-plian-te, pu-bli-ant, pri-ant, cri-ant...

N.º 2. *ien* : le bien, an-cien, Ju-lien, mu-si cien, pay-en, doy-en, moy-en, rien, co-mé-dien, gar-dien, un chien, ci-toy-en, eu-ro-pé-en, A-drien, le mien, le tien, St. Cy-prien, la sci-en-ce, pa-ti-en-ce, la cons-ci-en-ce.

N.º 3. *ion* : Sion, la vil-le de Lyon, la re-li-gi-on, nous fai-sions, la mis-si-on, la dé-vo-ti-on, la con-tri-ti-on, u-ne ac-ti-on, la ra-ti-on, nous mar-chions, nous ou-bli-ons, nous pri-ons, soy-ons, croy-ons, voy-ons, le ray-on, sta-ti-on, l'op-ti-on, le tri-om-phe.

N.º 4. *ieu* : Dieu, pré-ci-eux, un vieux, re-li-gi-eux, au-da-ci-eux, le mieux, glo-ri-eux, in-dus-tri-eux, ma-jes-tu-eux, un sé-di-ti-eux, dé-vo-ti-eux, au mi-lieu, des Cieux, les yeux.

N.º 5. il loua, el-le a-voua, tu jouas, il se loue, de la boue, une roue, tu a-voues, les joues, oui, S. Louis, é-blou-i, il se ré-jouit, en-foui, a-vou-ant, la lou-an-ge, jou-ant, lou-ons, jou-ons, a-vou-ons, le jou-et, un fouet, ouest.

18 19 20 21 22 23 24
2.

Treizième Leçon syllabique.

N.os 1	2	3	4	5
ai	ai	ai	ai	e
ei	ois	oit	oient	ent
bei	bois	boit	boient	bent
cei	çois	çoit	çoient	cent
dei	dois	doit	doient	dent
fei	fois	foit	foient	fent
gei	geois	geoit	geoient	gent
lei	lois	loit	loient	lent
mei	mois	moit	moient	ment
nei	nois	noit	noient	nent
pei	pois	poit	poient	pent
quei	quois	quoit	quoient	quent
rei	rois	roit	roient	rent
sei	sois	soit	soient	sent
tei	tois	toit	toient	tent
vei	vois	voit	voient	vent
xei	xois	xoit	xoient	xent
yei	yois	yoit	yoient	yent
chei	chois	choit	choient	chent
gnei	gnois	gnoit	gnoient	gnent
illei	illois	illoit	illoient	illent
guei	guois	guoit	guoient	guent

25 26 27 28 29 30 31

Treizième Lecture.

N.º 1. la pei-ne, la Sei-ne, la rei-ne, ba-lei-ne, la nei-ge, du sei-gle, sei-ze, trei-ze, les vei-nes, plei-nes, qu'il tei-gne, un pei-gne.

N.º 2. *oi* : foi-ble, pa-roî-tre, roi-de, con-noî-tre, la foi-bles-se, af-foi-blie, la mon-noie.

N.º 3. *ois* : j'ai-mois, je pen-sois, les fran-çois, je lan-çois, je per-çois, tu cher-chois, tu ga-gnois, tu lo-geois, tu ris-quois, tu fai-sois, tu te fa-ti-guois.

N.º 4. *oit* : il tom-boit, el-le trom-poit, on li-soit, on ju-geoit, on se fa-ti-guoit, c'é-toit lui qui pei-gnoit, il tei-gnoit, elle tail-loit, el-le mar-choit, l'on se mo-quoit de ce qu'il di-soit, il pas-soit, el-le ef-façoit, il s'e-xer-çoit, on veil-loit.

N.º 5. *oient* : eux di-soient, qu'ils vou-loient, cel-les qui tom-boient, ils avoient, ils é-toient, dix qui ri-oient, ils ju-geoient, ceux qui se dis-tin-guoient, el-les re-marquoient, cel-les qui veil-loient, c'é-toient eux qui sou-hai-toient.

N.º 6. *ent, syllabe muette* : lui dî-ne, eux dî-nent, el-le aime, el-les ai-ment, on gagne, eux ga-gnent, il paye, ils payent, il tra-vail-le, ils tra-vail-lent, il vo-gue, ils vo-guent.

32 33 34 35 36 37 38

Pour les liaisons des mots qui commencent par une voyelle.

mê-z-amis,   *te-z-habits,*   *le-z-hommes,*
mes amis,   tes habits,   les hommes,
de-z-avis,   *se-z-ennemis,*   *ce-z-oiseaux,*
des avis,   ses ennemis,   ces oiseaux,
le z'un-z-aux autres,   *vi-z-à-vis,*   *di-z écus,*
les uns aux autres,   vis-à-vis,   dix écus,
si-z-heures,   *deu-z-épées,*   *che-z-eux,*
six heures,   deux épées,   chez eux,
san-z-en-être,   *pa-z-un seu-l-ami,*
sans en être,   pas un seul ami,
mo-n-ami   *to-n-ame,*   *sò-n idée,*
mon ami,   ton ame,   son idée,
ce-t-objet,   *ce-t-effet,*   *ce-t-homme,*
cet objet,   cet effet,   cet homme.

Cet état, cet autel, cet impie, c'est-à-dire, qu'il s'est en allé, qu'elle s'est avisée, c'est être, peut-être, sept heures, trop aimable, tôt ou tard, c'est égal, cet égard-là, trop alerte, tant il est vrai, quant à moi, quand il ira, ce grand homme vint avec elle, cinq heures, vont ensemble, dit-il, quand elle, prend-on, répond-il, descend-elle, l'on ira, donc ainsi, l'un et l'autre, bien utile, très à propos, rien autre.

39   40   41   42   43   44   45

Répétition des mots précédens, dont les syllabes ne sont pas détachées.

Adore, élevé, ici, obole, usure, habile, Hélène, Hippolyte, Honoré, humide, salade, madame, pape, déjà, joli, juge, gage, dégagé, guéri, figue, orgue, guidé, négoce, figure, camarade, qualité, piqué, coloré, curé, équité, picoté, Lazare, zélé, zizanie, zône, azuré, visage, pesé, visite, rose, mesure, cerise, passage, bossu, fossé, blessure, cassé, paresse, tristesse, messe, presse, sûre, reçu, façade, façonné, ceci, dure, duré, cure, curé, juge, jugé, père, pêle, fève, fête, misère, même.

Absolu, obtenu, admiré, acte, agnus, activité, aspiré, astre, estime, historique, espèce, extase, excité, excepté, hostilité.

Blâmé, blâmable, flatté, glace, une place, déclaré, flétri, plénitude, déréglé, une clef, répliqué, établi, affligé, église, bloqué, globe, flotté, une cloche, bluté, fluide.

46   47   48   49   50   51   52

Brave, dragée, fragile, pratiqué, grâce, trace, préparé, chiffré, délivré, agréable, crépi, votre, notre, bride, frivole, grive, trinité, crime, opprimé, brodé, fromage, troqué, grotte, brûlé, frugale, crudité, chronologie, Jésus-Christ.

Charité, racheté, relâché, clocher, chéri, chiche, choqué, chute, rechute, chicané.

Signature, signé, vigne, régné, dignité, signifié, vignoble, rognure, mignonne.

Tailla, bataille, mailloche, bailli, taillure, paille, tenaille, pareille, groseille.

Fatigua, guéri, figue, orgue, guide, fatigue.

Attirail, le bail, le mal, rival, canal, général, exalté, exhalé, spécial, égal, calcul, palpité, sénéchal, signal, maréchal.

Ha, quel bel hôtel ! fidele, sel, tel, duel, ciel, miel, véniel, spirituel, quel, Michel, quelle, prunelle, Raphael, Gabriel.

Y a-t-il, du fil, mil, avril, baril, fusil, exil, qu'il, puéril.

53   54   55   56   57   58   59

Bémol, col, parasol, rossignol, espagnol, nul, culbuté, culte, multitude.

Ail, bail, travail, attirail, qu'il, faille, paille, canaille, médaille.

Œil, l'œil, œillet, pareil, réveil, soleil, vermeil, vieil, orgueil, écueil.

Abeille, pareille, vieille, oreille, treille, groseille, bareille.

Fille, bille, quille, pille, ville, dix mille.

Arme, hardi, parti, mardi, fardé, gardé, car, par, hasard, écarté, carré, l'armée, retardé, jardinière, chargé, gaillarde, mignarde.

Erre, herbe, verte, liberté, serré, fertile, serrure, ferrure, germé, clergé, clerc, expert, verre, terre, exercé, recherché, cierge, subir, l'avenir, fuir, cuir.

Ordure, horloge, forte, dormir, gorge, saint George, abhorre, exhorté, cohorte, coalisé, sur le bord, du port, alors, la mort.

Urne, hurlé, sur le mur, futur, azur, sur, tabac, suc, duc, pic, bec, respecté, respect, suspect, aspect, Obed, Joseph,

60   61   62   63   64   65   66

avec; Amalec; Job; saint Roch; galop; sirop; trop tôt; natif; victime; excessif; bascule; pascal; faste; vaste; j'aspire; mastic; hélas; Nicolas; tu diras; à Thomas; que tu vas pas-à-pas là-bas; ces cas-là; que tu jugeas; estime; espèce; j'espère; geste; l'estime; reste; peste; vestibule; modeste; leste; majesté; mystère; tristesse; pistolet; poste; justice; mes bas; tes livres; plumes; choses; terres; verres.

Denis; tu remis; vis-à-vis; le prix; de six; perdrix; dix; crucifix; de buis; nos; clos; dos; propos; repos; trop; gros; refus; dessus; l'abus.

Le chat; se bat; avec les rats; l'état; de soldat; avocat; célibat; plat; lacet; bidet; mulet; cachet; dot; lot; rebut; crédit; profit.

Phase; phrase; prophète; phénomène; Philippe; Christophe; orthographe; blasphème.

Thérèse; Catherine; Théophyle; thème; thèse; Rhône; rhume; enrhumé; thé; paraphé.

Diable; il nia; le mariage; viatique il s'y fia; elle se réfugia; dès qu'il cria

67   68   69   70   71   72   73

elle publia, l'*Ave Maria*; il paya, elle raya, payable, voyage.

Bière, fière, nièce, sixième, dixième, pièce, siége, liége, assiégé, pitié, amitié, vie, Marie, bénie, elle prie, il publie, la prophétie, minutie, ineptie, partial, satiable, partialité, fiole, violé, rue, venue, vue, reçue, huile, fuite, déduire, puisque, ruiné, juifs, cuire, buis, guidé, vidé, fruit, bruit, biscuit, circuit, élevé, semé, thé, café, paraphé, vérité, déréglé, clef, cité, zélé, modéré.

Gelée, durée, l'année, passée, rosée, l'idée, brouillée, chose, agrée, ame, créée, agréable, floréal.

Venez, parlez, tenez, voyez, soyez, croyez, pesez, passez, réprimez, priez, criez, publiez, assez, chercher, à travailler, éviter, d'y aller, se promener, se glorifier, du métier, d'épicier, l'osier, l'acier, papier, noyer, foyer, léger, loyer.

Antidote, hanche, tante, dimanche, danse, santé, menaçante, médisance, saint Jean, changeante, vengeance, ganse, cantique, quantité, fatigante,

74   75   76   77   78   79.   80

répugnance, vaillante, faïence, payante, ambigu, ample, jambe, lampe, campé, chambre, sanglante, Flandre, blanche, planche, France, retranche, branche, grande, écran, six francs, d'argent, viande, fiancé, priant, criant, publiant.

Enseveli, Henri, pente, tente.

Cependant, vente, engendré, sentence, prudente, censuré, rente, ensemble, Mayence, empire, tempéré, prendre, trente, bien, ancien, Julien, Adrien, Cyprien, tien.

Infini, mince, vin, fin, vingt cinq, livres, séraphin, saint Lezin, cousin, sincère, médecin, latin, impie, timbré, déclin, prince, grincé, imbibé, simple, cymbale, regimbé, ainsi, demain, pain, faim, sainte, dédain, parrain, gain, Caïn, prochain, républicain, contrainte, train, grain, feinte, peinte, teinte, éteinte, enceinte, sein, teinture, ceinture, un peintre, restreindre, frein, plein.

Oindre, joindre, le moins, point, tout le soin, coin, foin, lointain, besoin, les poings.

81 82 83 84 85 86 87

Onde, honte, monde, fondu, songé, jonché, façon, leçon, maçon, conçu, dragons, pigeons, manchon, papillon, mignon, soyons, voyons, rayons, croyons, payons, ombre, sombre, compte, trompé, plomb, blonde, grondé, bronzé, plastron, tronc, jonc, prompt, délivrons, front, Sion, Lyon, nous disions, que nous irions, religion, action, station, dévotion, lundi, défunt, alun, qu'un, chacun, aucun, quelqu'un, à jeun, humble, nerprun, brun, emprunté.

Aune, haute, jaune, baume, épaule, gauche, cause, saint Paul, applaudi, Guillaume, faute, d'autre, quelqu'autre, sauce, chaude, mauve, pauvre, noyau, royaume, exaucé, eau, du ruisseau, saint Claude, fraude, hameau, peaux de veaux, bureau, oiseaux, fardeau, beaux, tableaux, morceau, d'agneau, tonneau, carreaux.

Europe, heure, demeure, seule, jeune, peu à peu, veuvage, feu, jeux, fâcheuse, soigneuse, hideuse, meilleure, tailleuse, gueule, moqueur, fougueux, paresseux, jalouse, ceux, deux, œu-vre; veuf; bœuf; mœuf; nœud; pleuré; fleuri ; feu ; bleu ; vingt-cinq lieues ; queue de l'armée ; heurté ; labeur ; vapeur ; clameur ; largeur ; rigueur ; liqueur ; ma sœur ; mon cœur ; mœurs ; bonheur ; malheur ; honneur ; déshonneur ; d'ailleurs ; le meilleur ; tailleur ; frayeur ; corroyeur ; Dieu ; précieux ; audacieux ; séditieux ; un vieux ; pieux ; glorieux.

Outre ; houpe ; moule ; foule ; chou ; rouge ; gazouillé ; bijoux ; goûté ; coutume ; qu'outre ; caillou ; nous ; vous ; des clous ; joug ; ébloui ; troupe ; prouvé ; retrouvé ; groupe ; rebroussé ; loua ; avoua ; roue ; joues ; saint Louis ; ébloui ; réjoui ; foui.

Ourdir ; à rebours ; toujours ; velours ; pour l'amour ; retour ; engourdir ; four ; pouri ; cours ; discours ; secours ; lourd ; sourd.

Oisiveté, hoirie, boire, foire, voici, Benoît, mâchoire, histoire, loisir, joie, foie, voies, droites, fois, foi, quelquefois, loi, choix, poix, noix, doigts de la main, baignoire, bouilloire, quoique, angoisse, proie, cour-

95 96 97 98 99 100 101

roie, gloire, exploite, droiture, froid, droit, étroit, soif.

Vouloir, devidoir, pouvoir, s'asseoir, égrugeoir, perçoir, miroir, rasoir, pressoir, mouchoirs, sacrifier, sculpter, scribe, scélérat, scolastique, eucharistie, scandale, stérile, stupide, faire, paire, douzaine, souveraine, marraine, j'aime, laine, chaîne, prochaine, gaîne, vicaire, reliquaire, quai d'Ainay, paix, faix, dais, saint Blaise, plaisir, déplaire, glaive, éclaire, claie, haie, païs ou pays, abbaye, payé, rayé, essayé, braise, traité, vrai, portrait, extraire, la graine, fraise, qu'il craigne, qu'il se plaigne, vraie, craie, ce trait est laid, plaies, plaie, lait, extrait, des attraits, frais, mais, jamais, je souhaitais, désormais, haï, Adélaïde, Sinaï, Isaï, Semeï, Moïse, Eloï, Saül, Esaü, héroïque, judaïque.

Hélène, colère, sévère, sincère, après le décès, très-près, progrès, du procès, dès que, près, le succès, l'excès, accès, exprès.

Ève, être, vous êtes, même, bête, fête, extrême, hêtre, gêne, problème, diadème, prophète, blasphème, vêpres, suprême, chêne, crèche, prêcher.

Mes bas, tes livres, ses plumes, les choses, ces terres, des verres.

Bidet, lacet, cadet, forêt, l'intérêt, mulet, cachet, cabaret, paquet, regret, secret, décret, prêt, apprêt.

Est-ce vrai? il est juste, est-ce sûr qu'il s'est tué? c'est-à-dire qu'il m'est cher, ce n'est pas vrai, qu'est-ce que c'est? cet objet.

Peine, Seine, reine, baleine, Magdeleine, neige, seigle, seize, treize, veine, pleine, qu'il teigne, peigne.

Foible, paroître, connoître, roide, foiblesse, affoibli, monnoie.

J'aimois, tu donnois, tu disois que tu ferois, je jugeois, tu désobligeois, j'étois, tu étois, françois, tu gagnois, je payois.

- Il aimoit, elle donnoit ce qu'on vouloit, il avoit, il étoit anglois, il lançoit, elle effaçoit ce qu'il écrivoit, il cherchoit, l'on travailloit, il souhaitoit.

Eux aimoient, ils disoient qu'ils avoient, qu'ils étoient, ils logeoient, ils se distinguoient, elles se moquoient de ceux qui travailloient, c'étoient eux qui s'étoient fâchés de s'être relâchés.

---

ent, *syllabe muette.*

Lui dîne, eux dînent, elle parle, elles parlent, il crie, ils crient, on publie, eux publient, elle aime, elles aiment, on gagne, eux gagnent, il paye, ils payent, on se raille de ce qu'ils travaillent, lui vogue, eux se moquent.

POUR LES LIAISONS DES MOTS
Qui commencent par une voyelle.

Mes amis, tes habits, les hommes, des avis, ses ennemis, ces oiseaux, vis-à-vis, les uns aux autres, deux épées, six à six, chez eux, sans en être, pas un, seul ami, dix écus.

Mon ami, ton habit, son ame, l'on ira, s'en ira-t-on, peut-être, cet état, cet objet, cet autel, cet entêté, c'est-à-dire, c'est être, trop infidèle, tôt ou tard, c'est égal, son égard, rien autre, bien utile, tant il est vrai, quant à moi, quand il sera, ce grand homme, entend-il, qu'attend-on, donc ainsi, cinq assiettes, sept heures entières, vont ensemble, quand elle vint, avec ordre, l'un et l'autre, très à propos, rien autre, il y en a deux à vous, en ai-je eu ? qu'en ai-je fait ? c'en est assez.

PHRASES

Composées de toutes sortes de liaisons des mots.

Des habits enrichis de diamans et de perles. — C'est-à-dire qu'on n'avoit point averti les autres. — On ne pouvoit y entrer sans en être étonné. — On parle encore aujourd'hui de cet admirable Temple. — C'est être un grand impie que d'y ajouter foi. — Elle est assez ouverte pour qu'on y puisse entrer. — Des turbans abattus, et des ennemis épouvantés. — On croyoit être dans un autre endroit. — Jusqu'alors on se le disoit les uns aux autres. — Tantôt il paroissoit au milieu de ses amis. — Il est à présent quatre à cinq heures au moins. — On entendoit comme un concert dans les airs. — Après avoir enseigné sept heures entières. — Toujours inquiet et toujours attentif. — Des historiens insipides nous ont dit mal-à-propos. — C'est ainsi que les avares pensent ordinairement. — Son naturel angélique étonnoit ses ennemis. — Son amour ne pouvoit être mieux exprimé. — On a dit ici qu'il avoit arrêté ses ennemis. — Quand elle vint à considérer son ambition. — Travaille avec assez de fruit pour y arriver. — On y voyoit aussi des ouvrages très-utiles. — Son ami mourut bien avant son établissement. — Huit heures sont sonnées, mais il n'en est pas encore neuf. — Il y en a deux à vous, trois à eux. — Il est trop aimable pour ne pas être de la partie.

AVERTISSEMENT
SUR LA LECTURE DU LATIN.

On ne doit faire passer un enfant à la lecture du latin, que lorsqu'il est bien affermi dans celle du français; alors, avec le secours des trois lectures suivantes, il surmontera, en moins d'un mois, toutes les difficultés.

PREMIÈRE LECTURE DU LATIN.

(Cette première lecture n'a d'autre difficulté que celle de faire sentir toutes les lettres dans la prononciation.)

Tibi tota mala sana fabula vide ridere nomini domino hodiè habeo maria alieno janua adeo filio libero filii judico mei diei jejunio facili mihi docere cœli cætera parcæ Mariæ avaritia speciosa natio vitii pretii gratiæ solatii præda secula generatio exitu jugulo affligo miserere rapui lacrymare altitudo facta ipse spero justitiæ tristia ultra cœlesti postulare gusto deprecatio nostra gloria fluere.

Hac hæc hic hoc huc par jubar pater tener mater liber fideliter virgo memor cor fœdator successor femur legitur jecur punitur.

Animas civitas deditas musas tribuas doces leges comes dulces feles dies toties pœnis cœlis cœlestis solertiis stultitiis bonos cœlos nos famulos teneros malos latus dominus fructus fortius propitius capiamus cœlestibus.

126   127   128   129   130   131

Amat videat absolvat adveniat exultat pulsat licet leget taceret veniet fecit solvit procedit venit vidit legit amavit accedit dixit tot sicut velut caput.

Pax fax storax vorax edax ilex silex artifex felix beatrix genitrix nox velox precox lux nux dux crux vult omnes forceps amicus amnis omnibus somnis inimicis innuit annulus annuo penne pennula nonne connivo gemma commodas.

SECONDE LECTURE DU LATIN,

Pour les sons an, am, in, im, on, om, au, *qui se prononcent presque toujours en latin comme en français.*

Antonius blanditias cumulantur doceant amant credant negociantibus parant notant explorans anceps lampas ambulans eamus injuria imprimis insane insero insidiæ inducere sint fuerint, docuerint deinceps princeps singulæ imber cimbri impar limbus limpidus simplicia pondus constantia responde fons pons frons consocer tonsor monstro computat compressio.

Audio auxilio audax fraudator claudicat augustus plaudo plaustra causa laus cautela.

Lorsque les mots sont terminés par les syllabes an am on om in im, *prononcez* a-ne, a-me, o-ne, o-me, i-ne, i-me.

An Titan Satan lunam casam historiam ranam cadam deam Dianam simiam similam multam musam agon Dagon non Helicon dæmon in parin irin cum cumin delphin sitim pelvim docuerim.

132   133   134   135   136   137

TROISIÈME LECTURE DU LATIN,

Pour les syllabes qui ont un son différent dans le latin que dans le français.

Les syllabes   en   em
se prononcent   in   im.

Ingentia prudentiæ licentias absentia sentiamus sententias scientia impatientias experientiis pœnitentia conscientia impudentiæ indulgentia opulentiis reverentias potentius meus dicens sapies ridens omnipotens innocens cupiens habent legent mulcent respondent celebrent possent abstergent emptio exemplo empirice emplastro emporii adempti redempto semper Deus meus.

Lorsque les mots sont terminés par les syllabes   en   em
se prononcent   è-ne   è-me.

Lumen nomen amen cremen examen flamen foramen carmen ligamen gramen limen noctem hominem septem explorationem nationem patientem idem matrem patrem noctem septem.

Les syllabes   un   um
se prononcent   on   om.

Unde voluntas fundârint undatus fecunditate Burgundiam undecim mundantem facundas facundia erunt fuerunt timebunt audiunt possunt legunt deducunt pereunt violârunt ambulârunt umbra recumbo incumberet umbrifer umbo lumbi columbam trium; phat nunc umbilicus.

Lorsque les mots sont terminés par la syllabe   um
prononcez   o-me.

Morbum eumdem dominum probationum suum cæcatum præsentium confluentium elisæum fundatorum.

138   139   140   141   142   143

Les syllabes   umn
se prononcent   om-ne.

Columna columnarii alumnus.

Les syllabes all, ell, ill, oll, ull, *se prononcent* al-le, el-le, il-le, ol-le, ul-le.

Alleluia allegoria allectus allex allevo bellum præcellunt mille millies villosus cellibantes illa illuc capillis emollirem molliens ullum.

La syllabe   ch
se prononce   que

Chorus machinabitur Ezechiæ charitas scholæ calcanti archangelo charitatibus chrema Christi chronis chrisma Chrysostomo chronologia christianus Christus Anchises.

La syllabe   gn
se prononce   gue-ne.

Agnus magna pugna magno ignis regnare magnificat magnificentiæ consignaverint cognomen pugnantia dedignatur expugnabunt ignarus agmen lignum cognatio consigno ignorantiæ significo.

Les syllabes gua, gue, gui, guo, guu, *se prononcent* gu-a, gu-e, gu-i, gu-o, gu-u.

Linguas linguis angue sanguis languidus sanguinolentus arguunt anguem languet linguas languescens.

Les syllabes qua, que, qui, quo, quu, *se prononcent* qu-a, qu-e, qu-i, qu-o, qu-u.

Qua quam quas quies nunquam aqua quæ quo quem aliquem quemque itaque quid usque quisque requiem quod loquuntur quotidie.

144 - 145   146   147   148   149

MESURES DE LONGUEUR.

Leurs Noms.	Valeurs en anciennes Mesures.
Myriamètre. . . .	2 lieues.
Kilomètre.	513 toises.
Hectomètre. . . .	51 toises *ou* 84 aunes.
Décamètre. . . .	5 toises *ou* 9 aunes.
Mètre.	3 p. 11 lign. 44/100.

MESURES DE SURFACE.

Myria-are.	195 94/100 arpens de roi.
Kiliare.	19 59/100 *id.*
Hectare.	1 96/100 *id.*
Déca-are.	20 perches.
Are.	2 perches.

MESURES DE SOLIDITÉ.

Myriastère. . . .	1350 toises cubes.
Kilostère.	135 *id.*
Hectostère. . . .	13 *id.* et $^1/_2$
Décastère.	1 $^1/_2$
Stère.	$^2/_3$ de toise cube.

MESURES DE CAPACITÉ,

A Liquides ou *à Grains.*

Myrialitre.	6 setiers et 7 boisseaux.
Kilolitre.	3 setiers et 4 boisseaux.

Hectolitre . . . . près de 3 minots.
Décalitre . . . . $^3l_4$ de boisseau.
Litre . . . . 1 pinte et $^1l_{20}$, ou
                                  1 litron et $^1l_4$

MESURES DE PESANTEUR.

10 milliers de kilogram.	20440	liv.
Millier de kilogramme.	2044	id.
Quintal de kilogram.	204	id.
Myriagramme.	20 et $^1l_2$	id.
Kilogramme.	2 l. 6 gros.	
Hectogramme.	5 l. 8 onc. 2 gros.	
Gramme.	19 grains.	

Kilogramme.	ou Livre nouvelle
Hectogramme.	ou Once.
Décagramme.	ou Gros.
Gramme.	ou Denier.
Décigramme.	ou Grain.

Nombre.	1
Dizaine.	21
Centaine.	321
Mille.	4,321
Dizaine de milles. . .	54,321
Centaine de milles. . .	654,321
Million.	7,654,321
Dizaine de millions. . .	87,654,321
Centaine de millions. .	987,654,321
Milliard.	1,987,654,321

FIN.

www.ingramcontent.com/pod-product-compliance
Lightning Source LLC
Chambersburg PA
CBHW060939050426
42453CB00009B/1093

www.ingramcontent.com/pod-product-compliance
Lightning Source LLC
Chambersburg PA
CBHW060939050426
42453CB00009B/1092

BAR-SUR-SEINE. — IMP. Ve C. SAILLARD

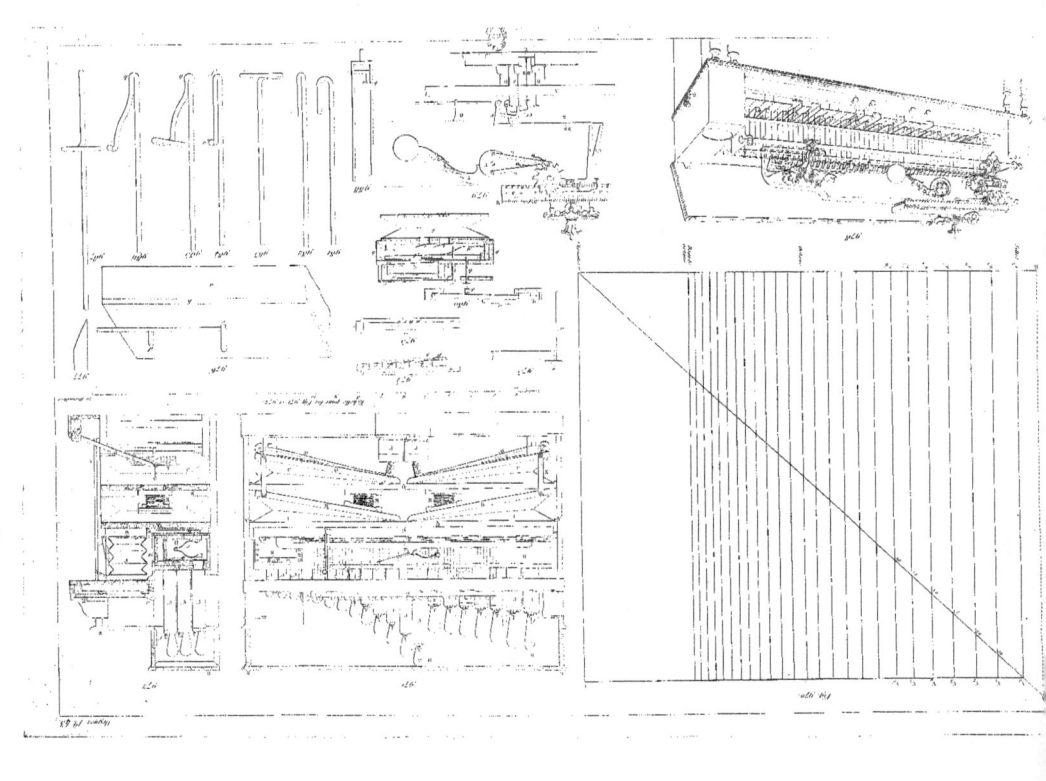

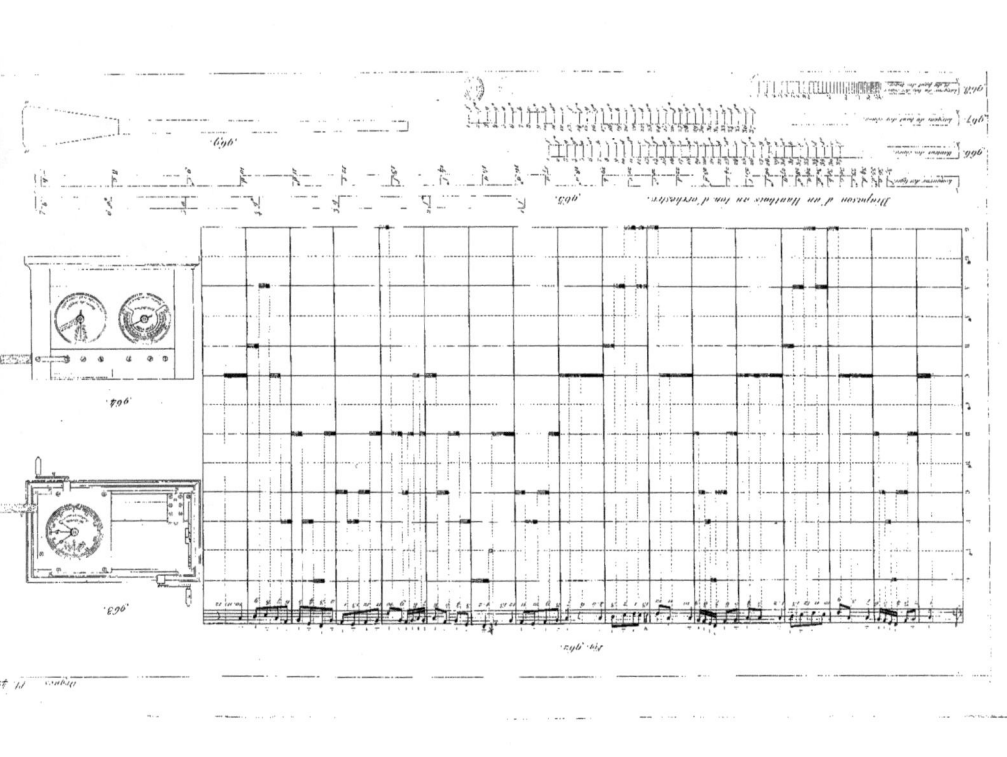

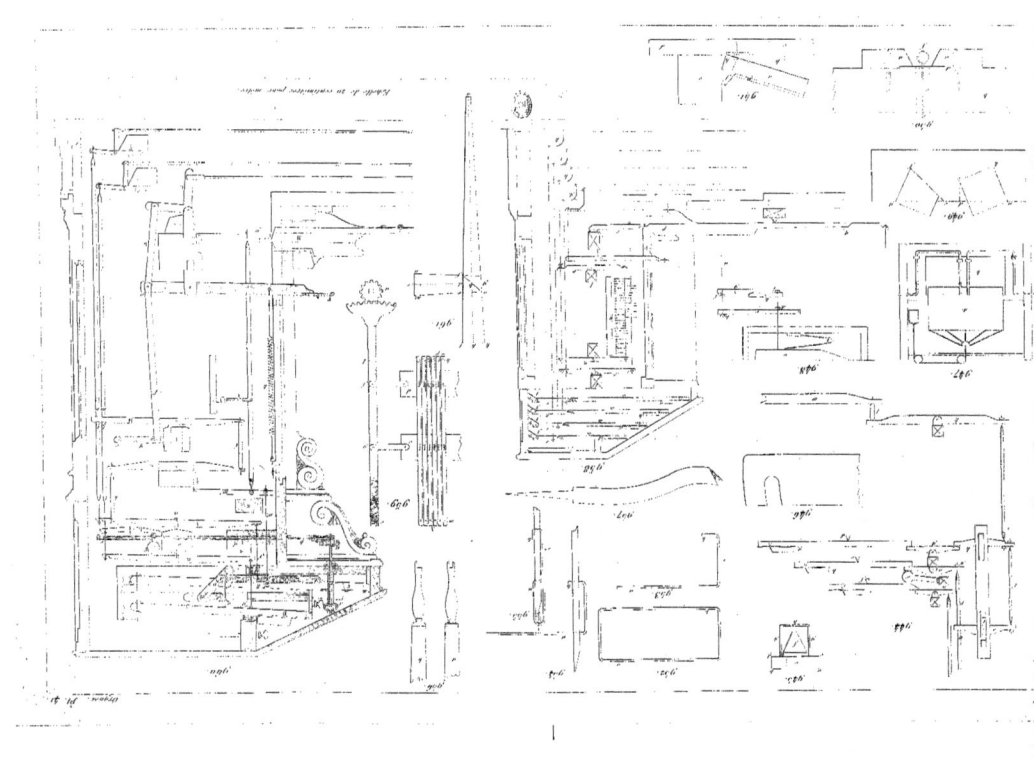

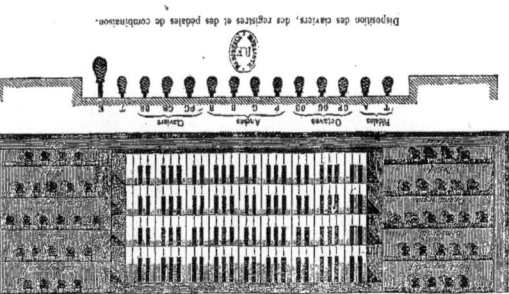

Figure 923.

VUE EXTÉRIEURE DE L'ORGUE DE LA MADELEINE.

Figure 921.

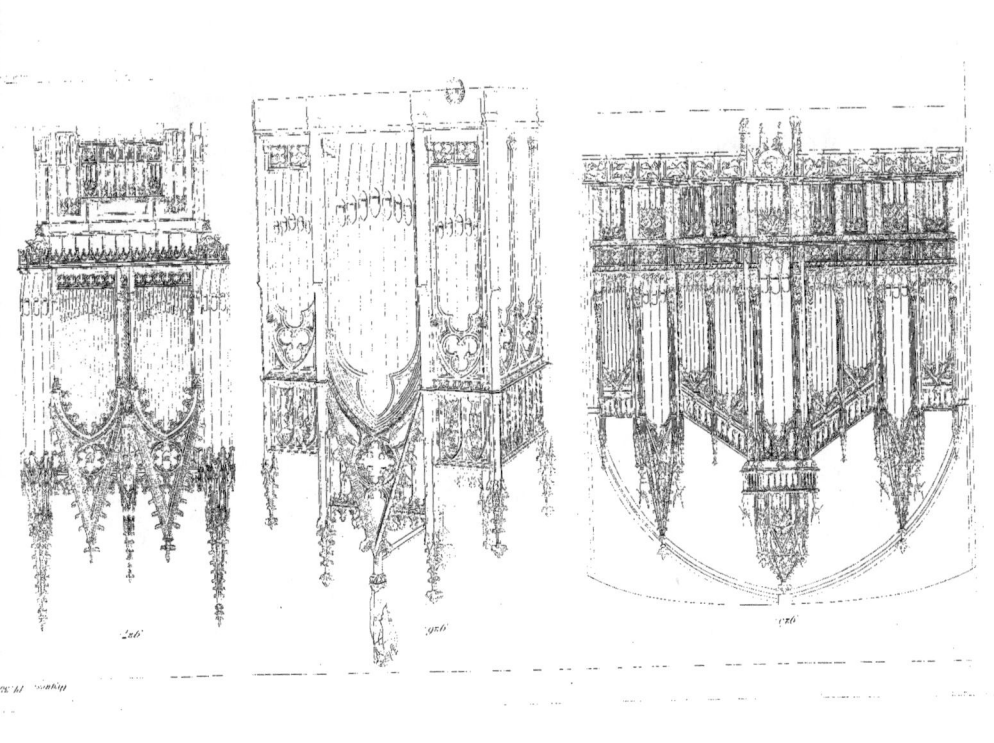

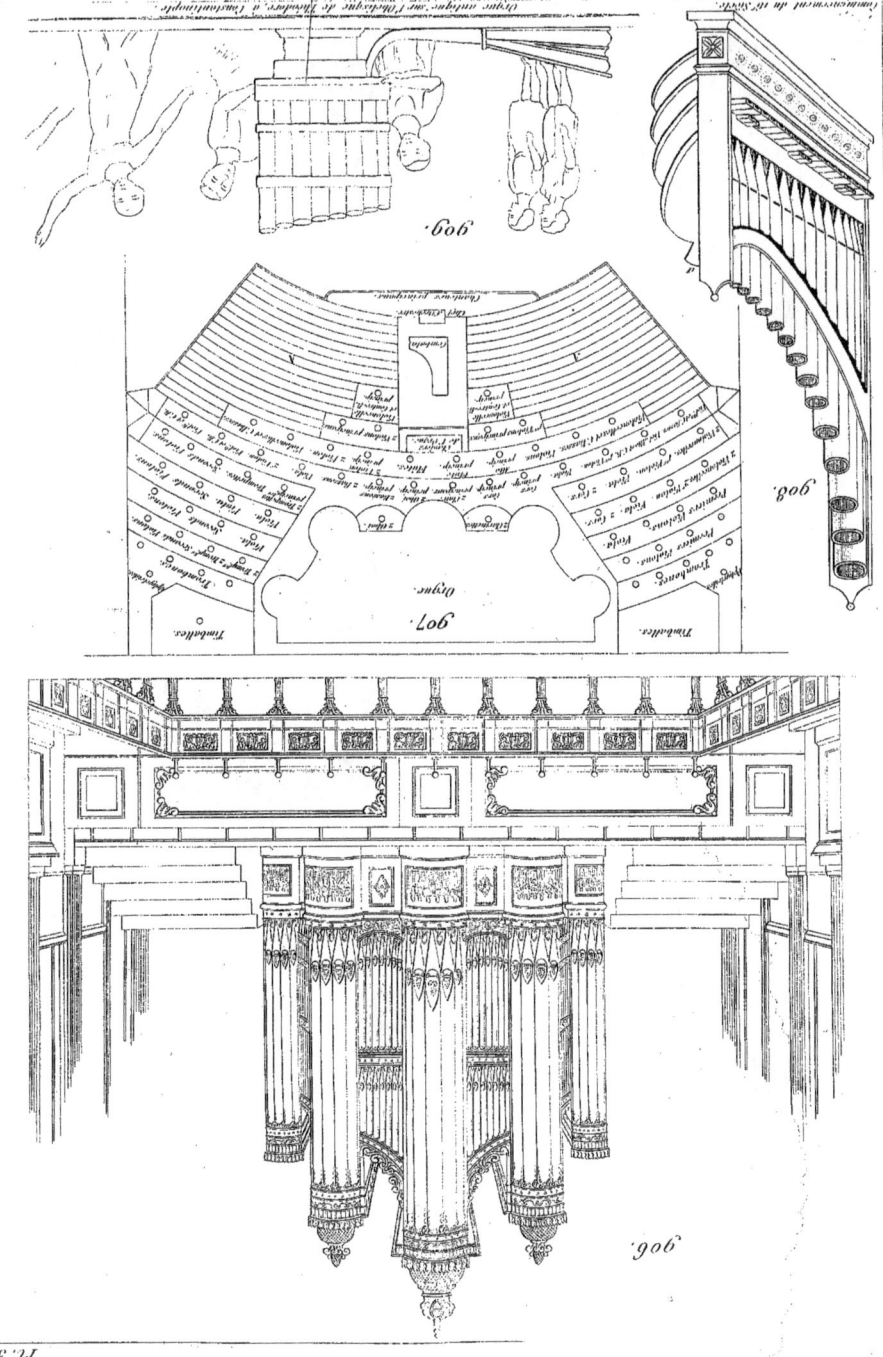

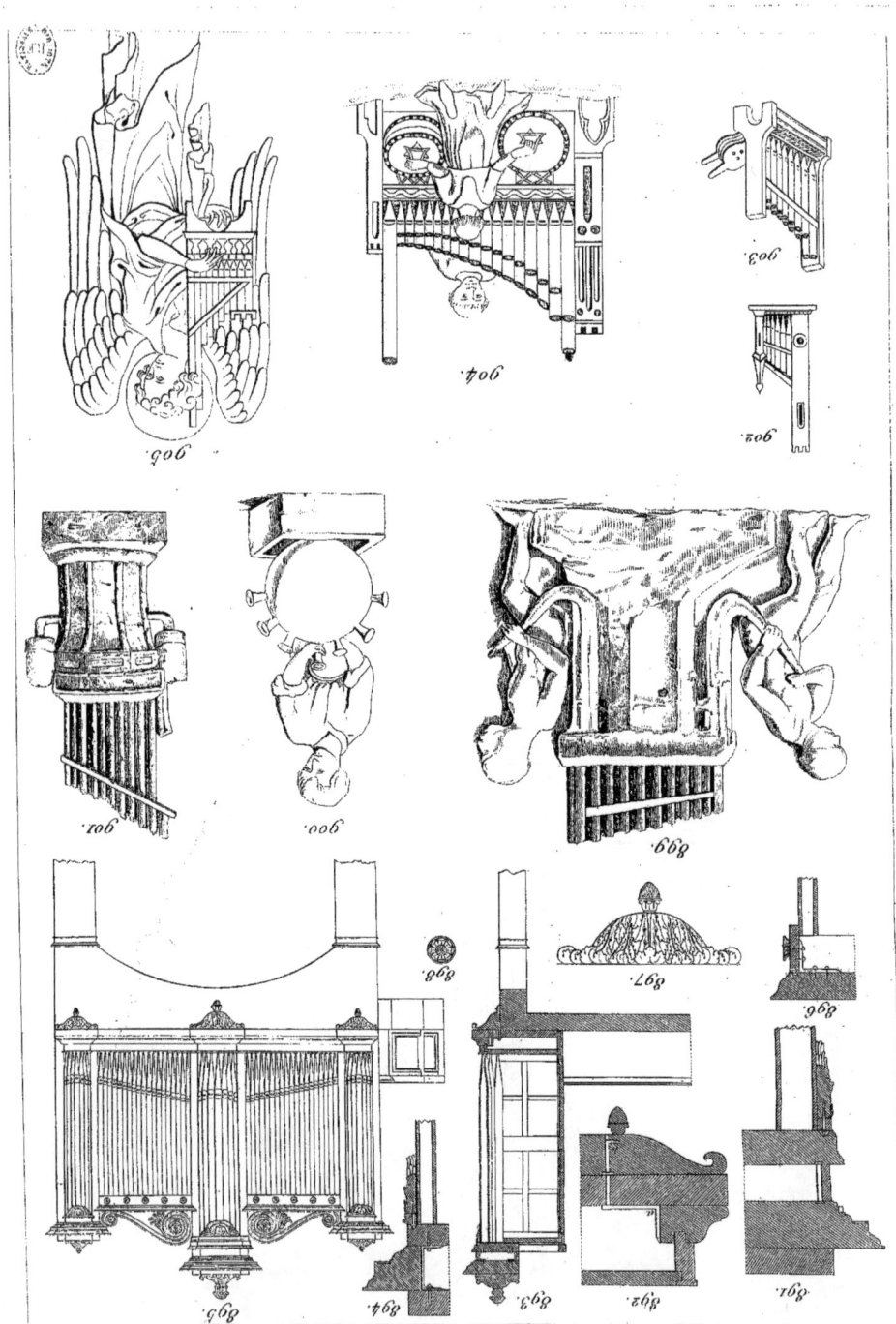

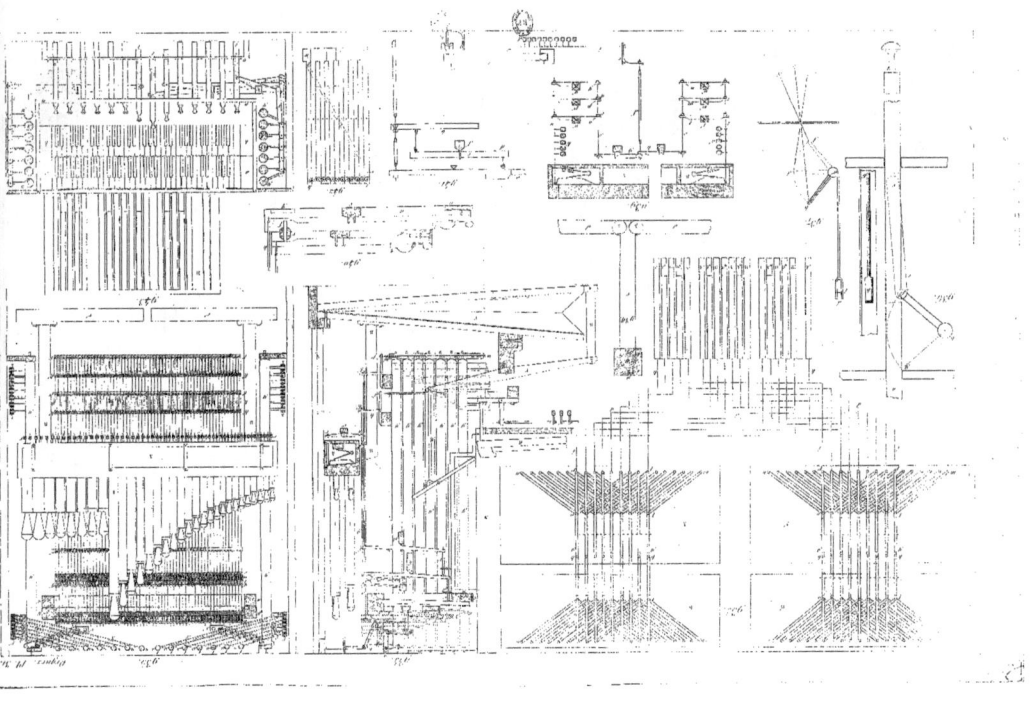

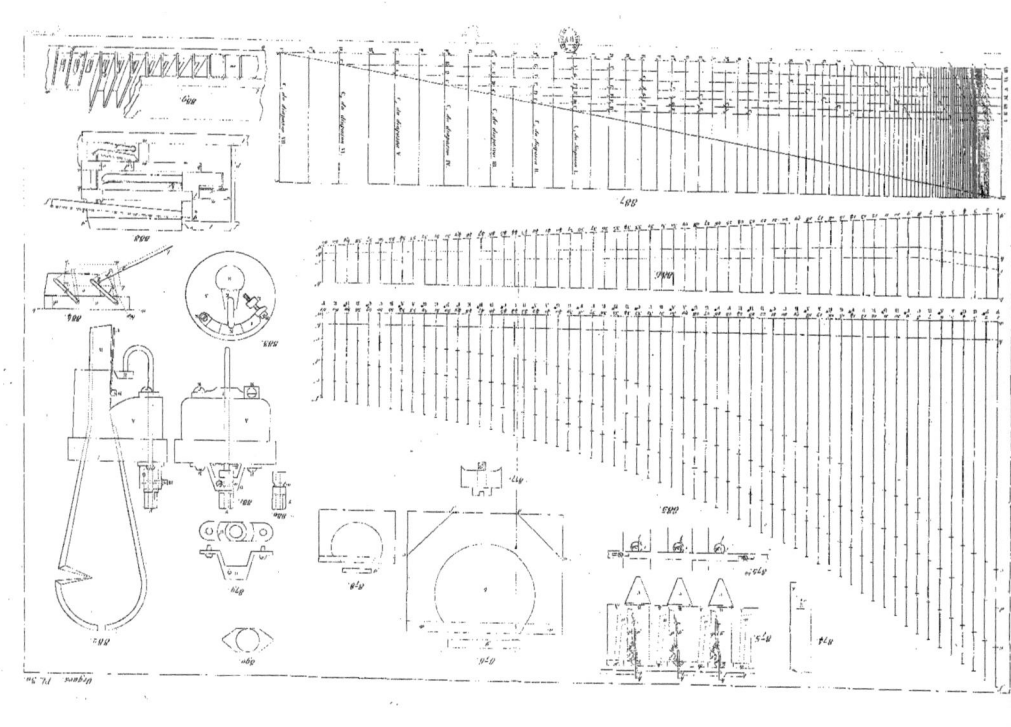

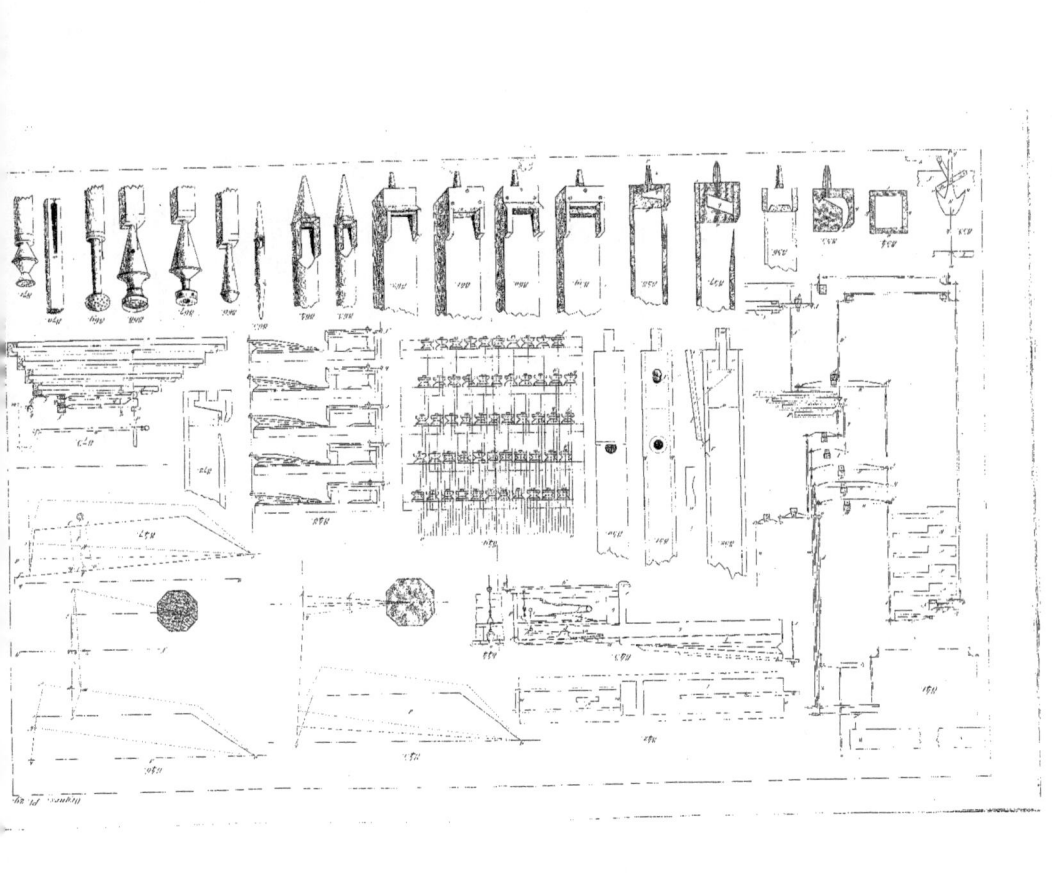

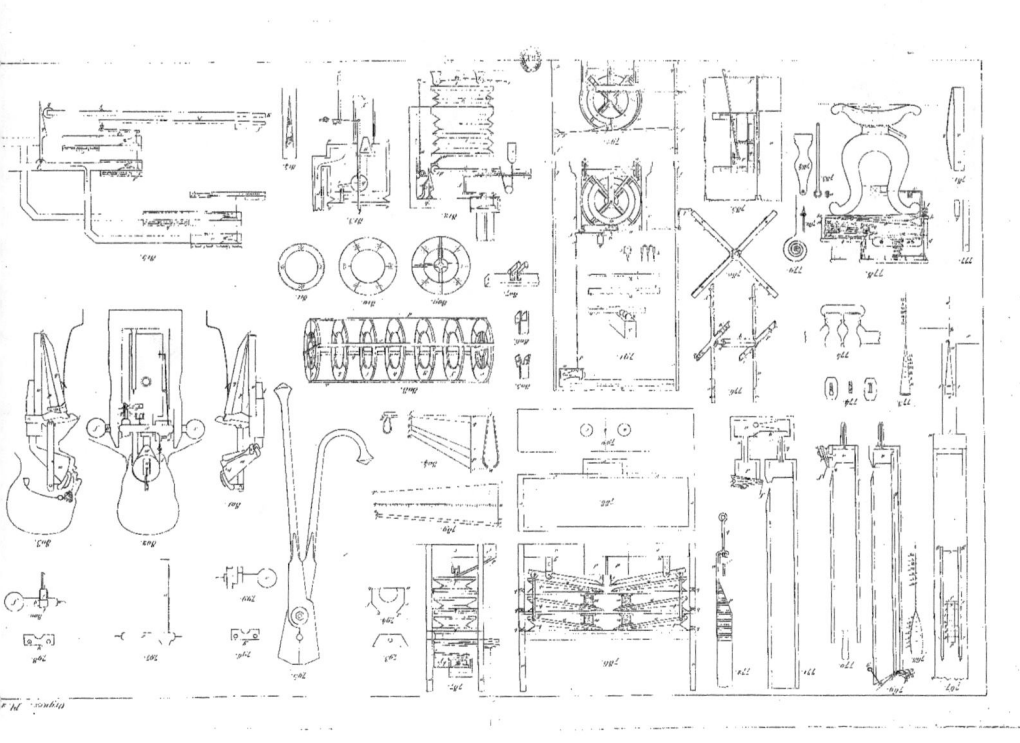

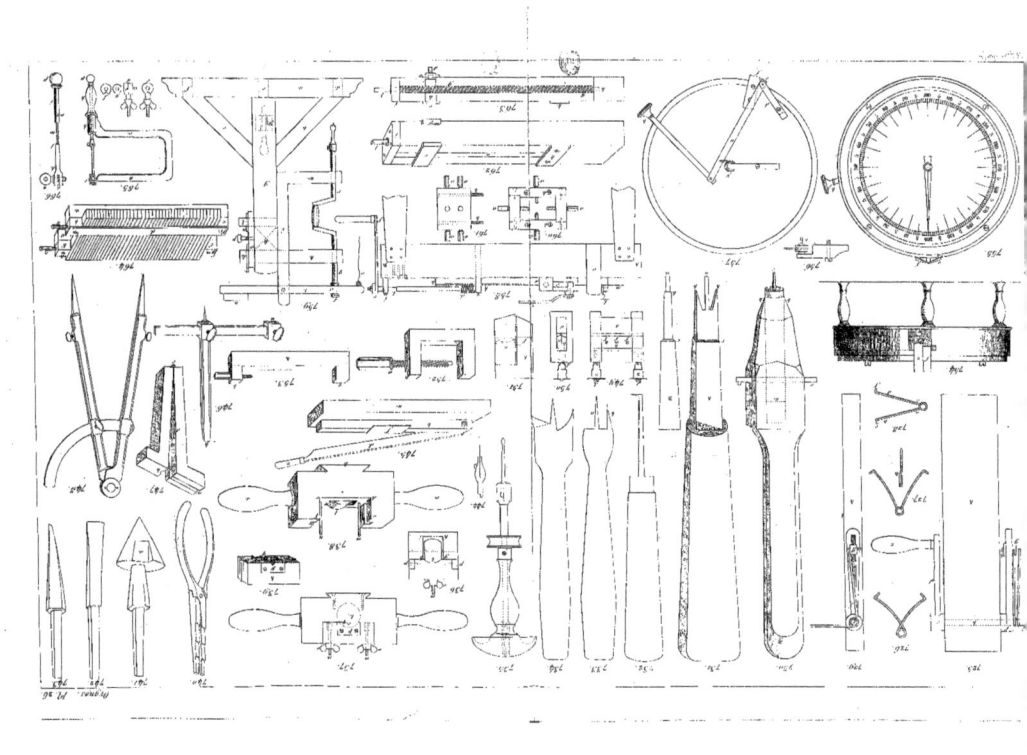

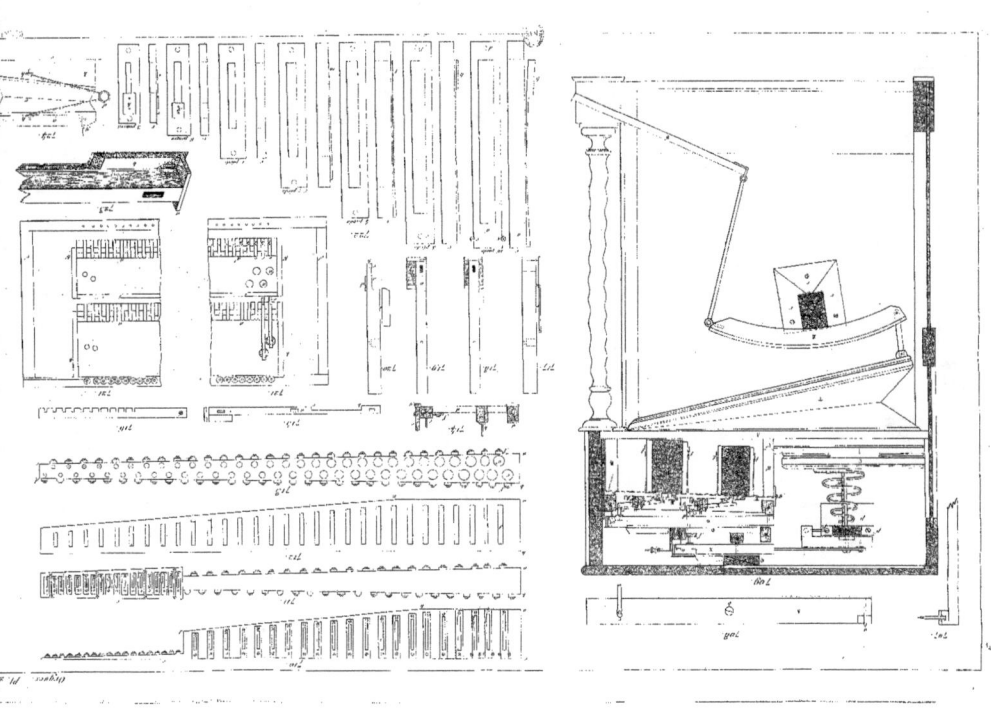

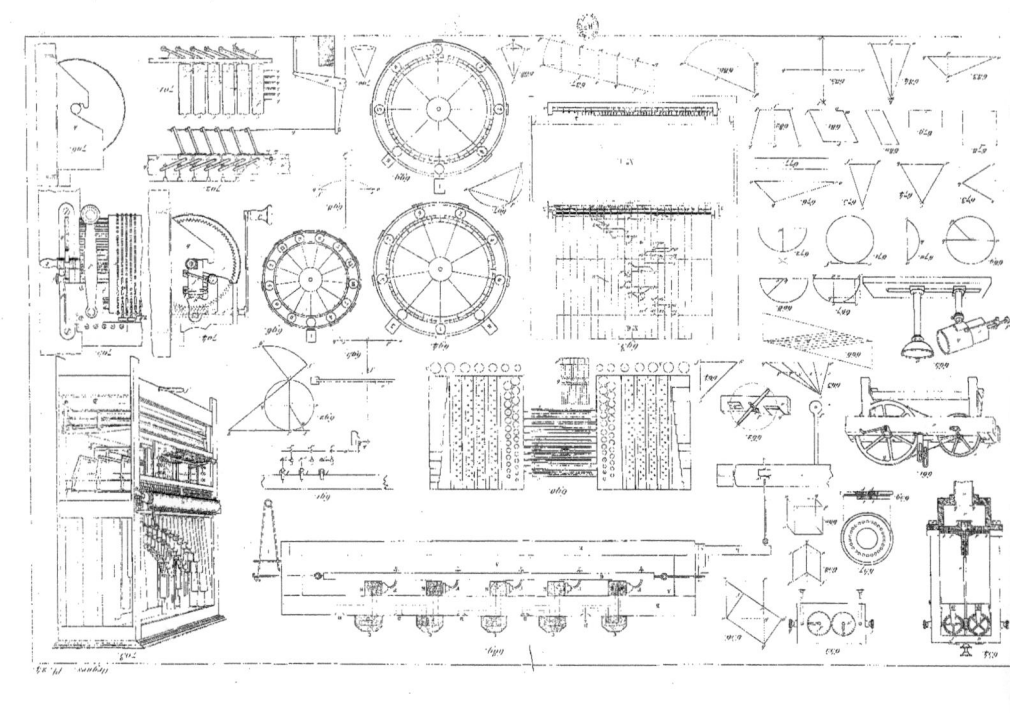

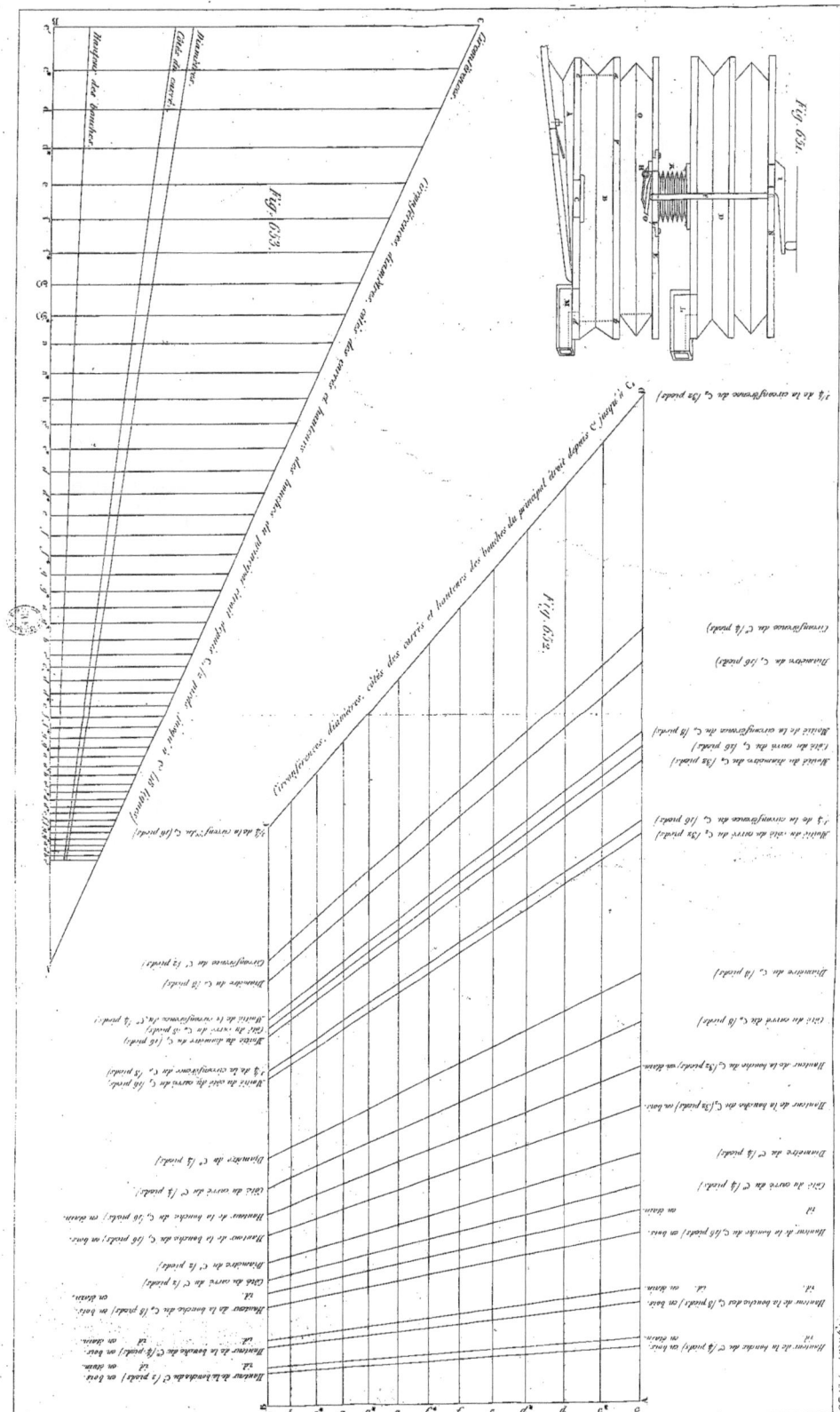

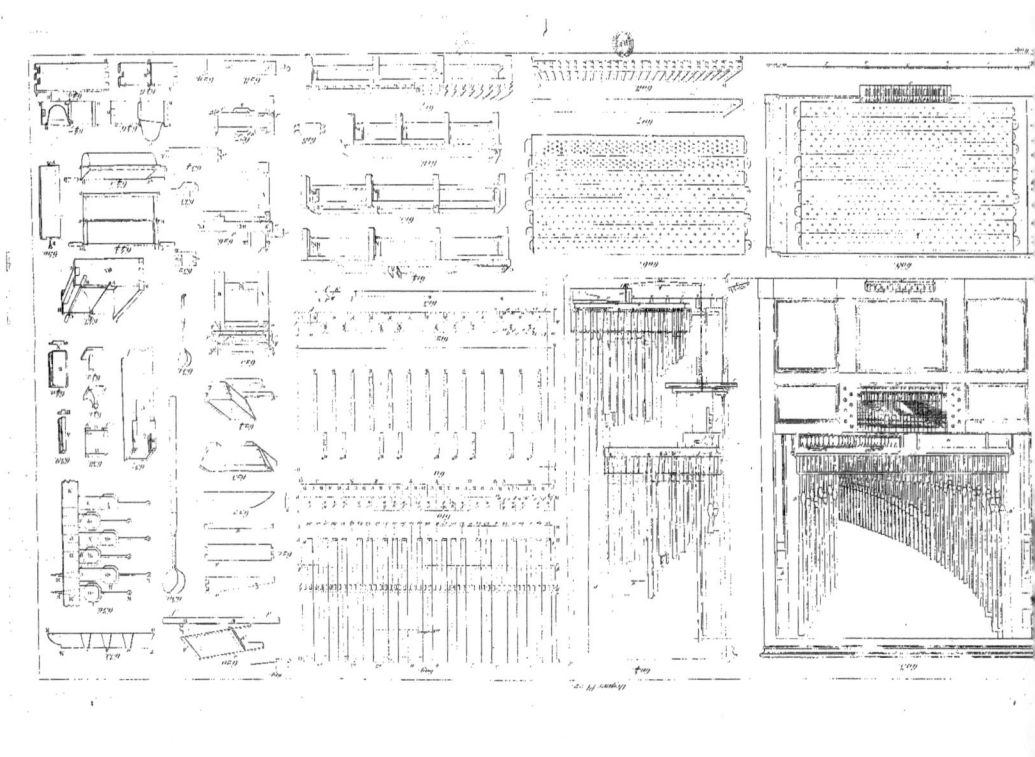

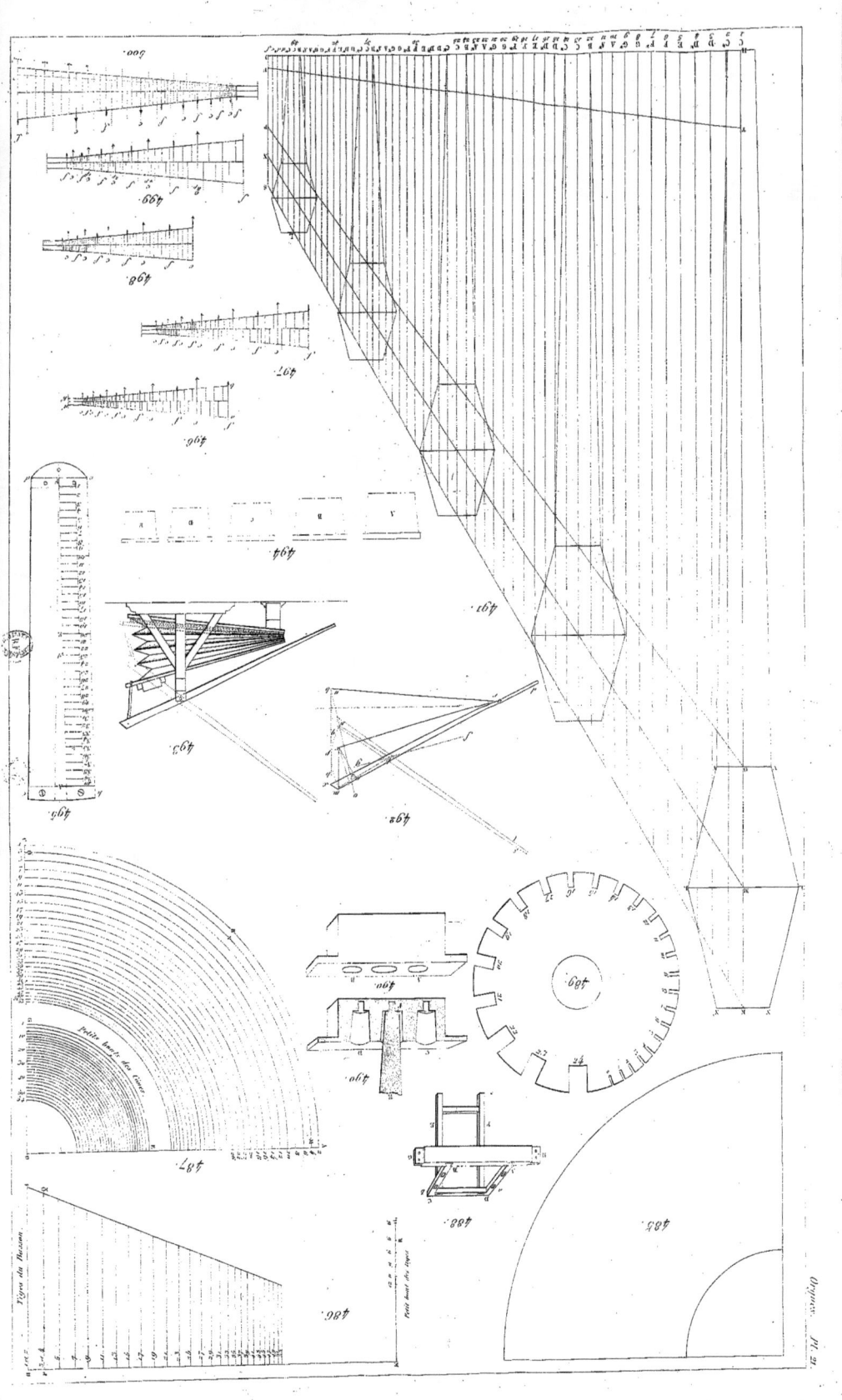

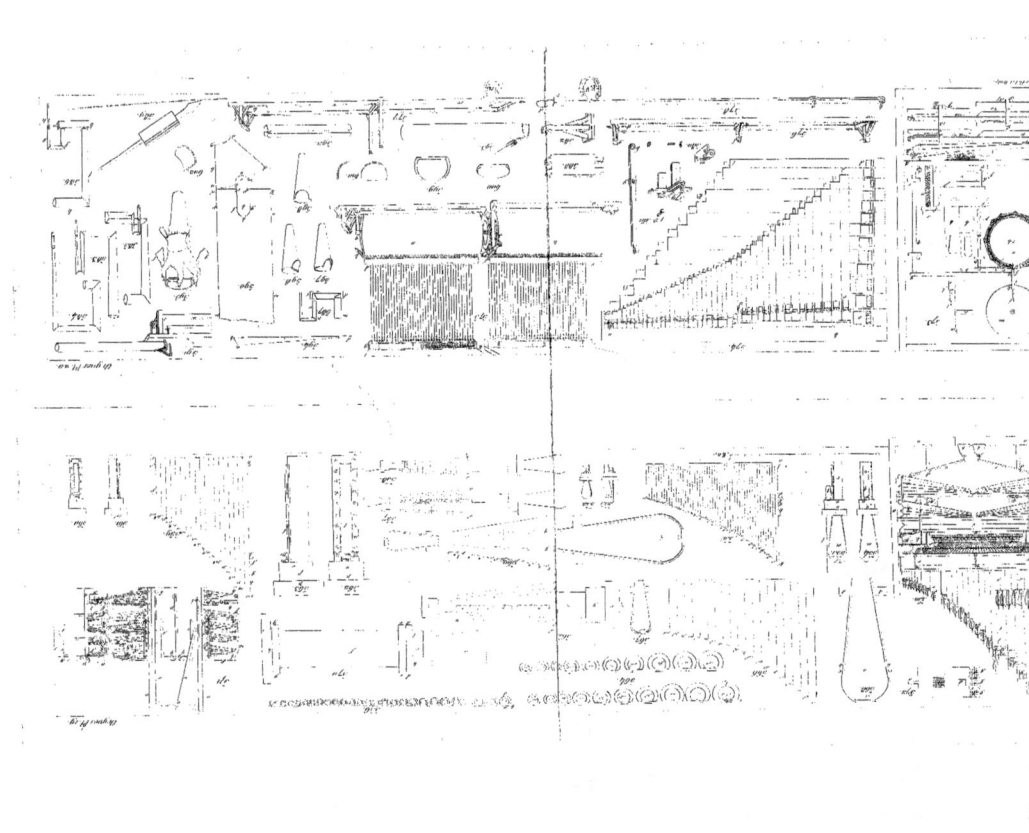

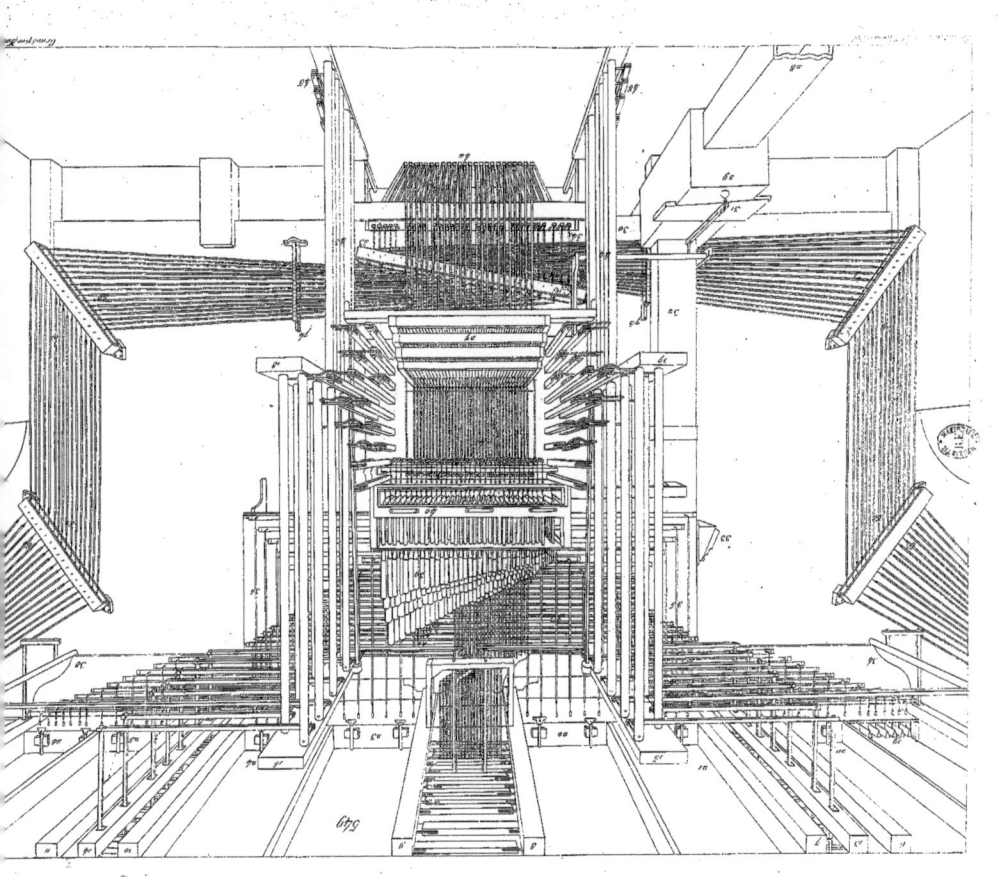

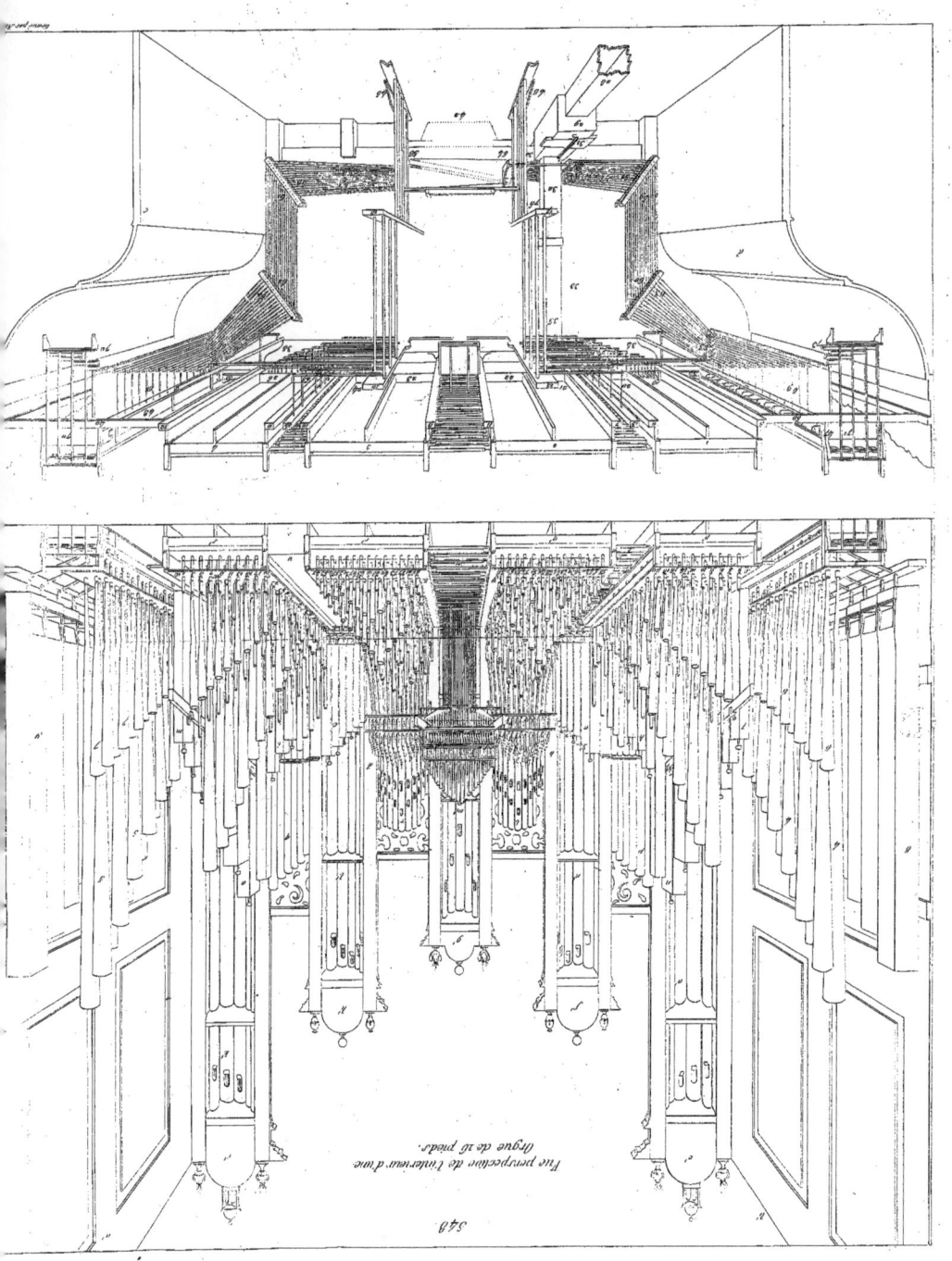

Vue perspective de l'intérieur d'une orgue de 16 pieds.

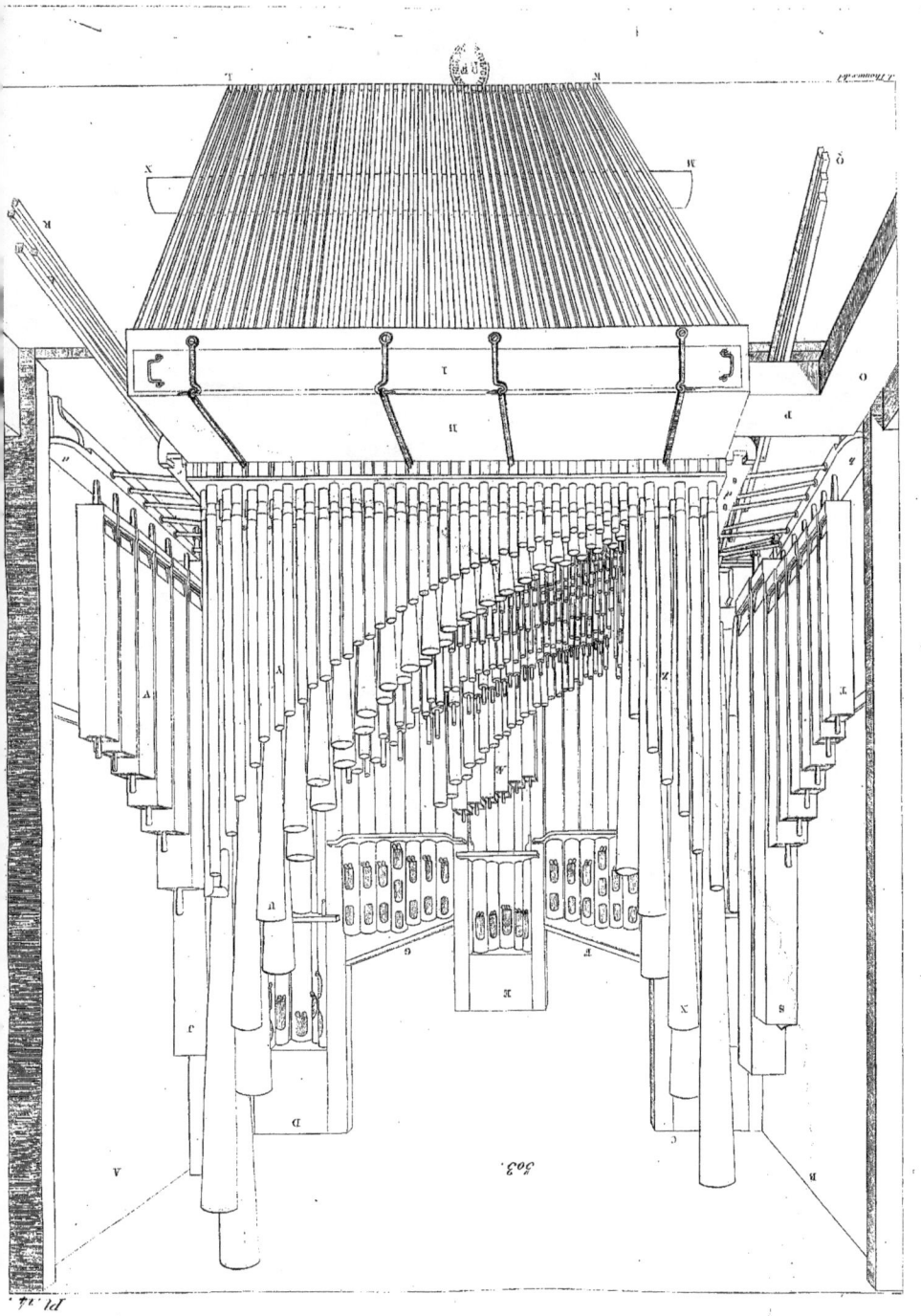

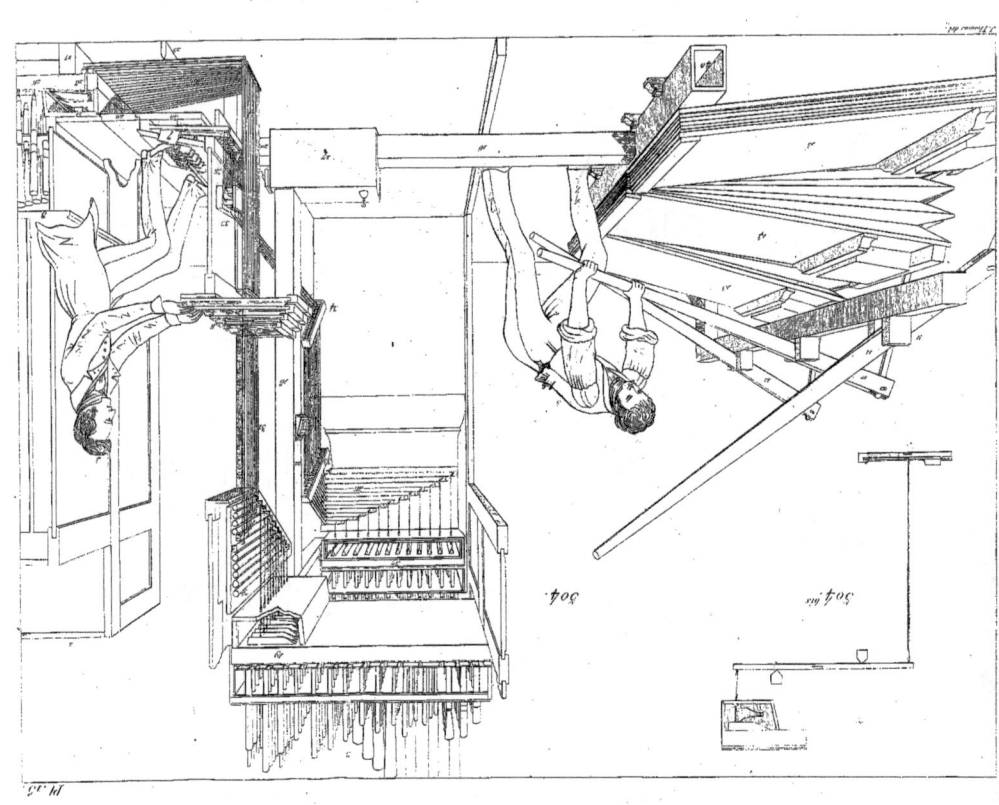

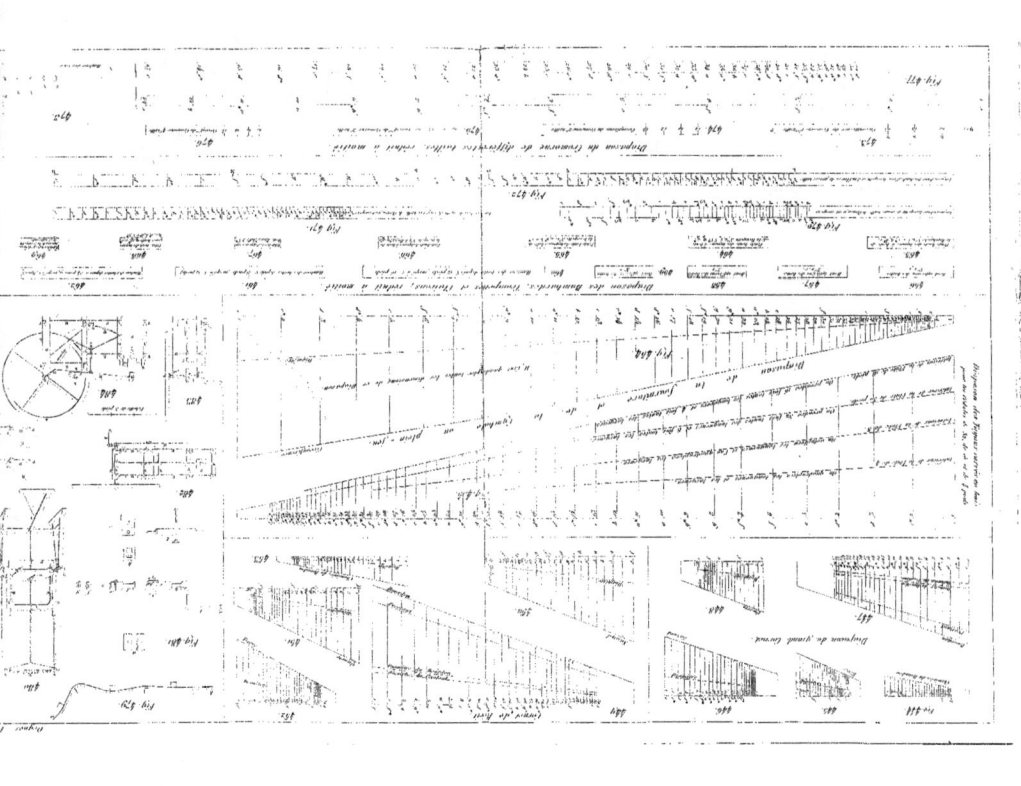

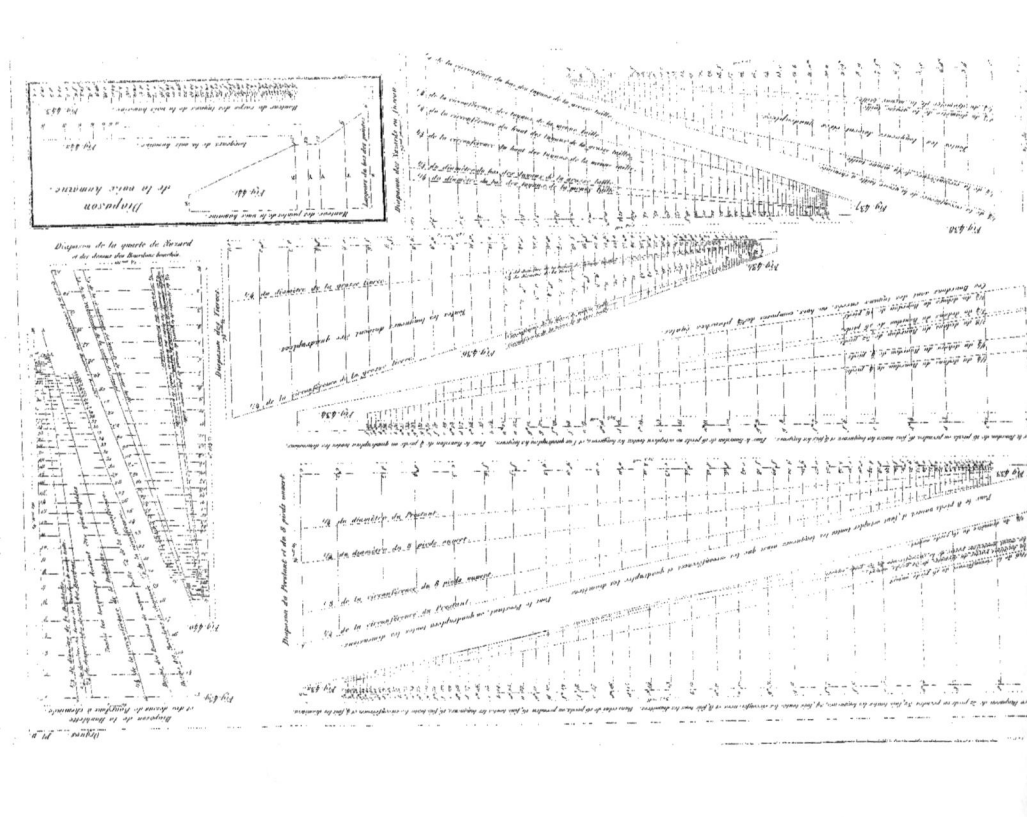

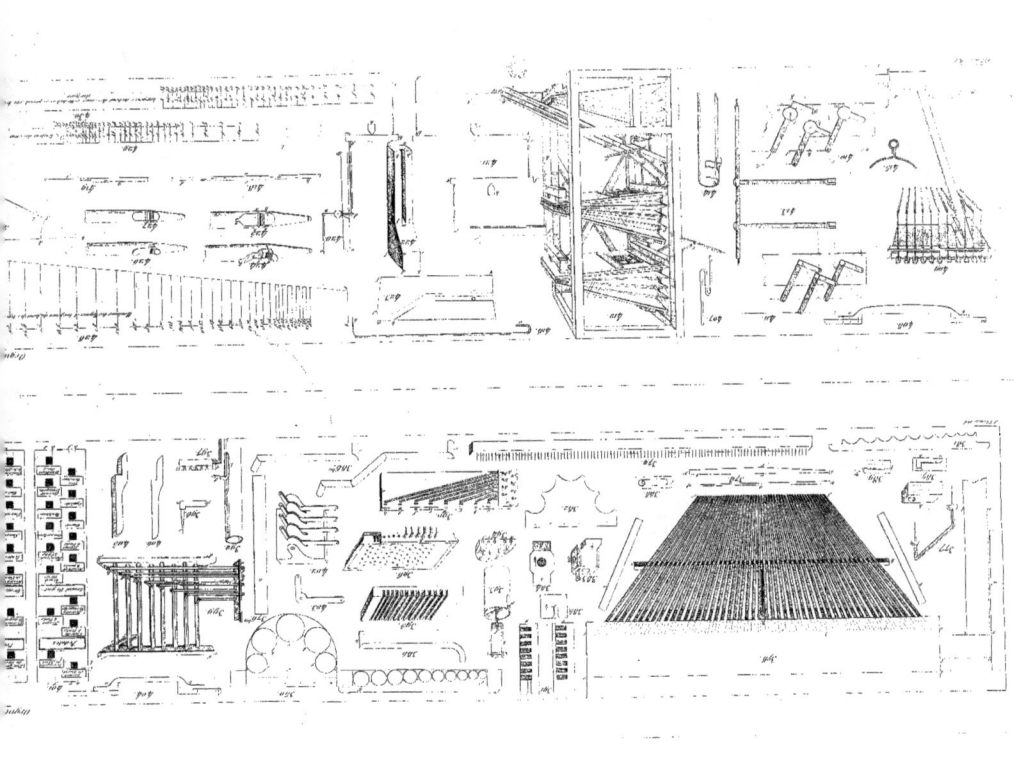

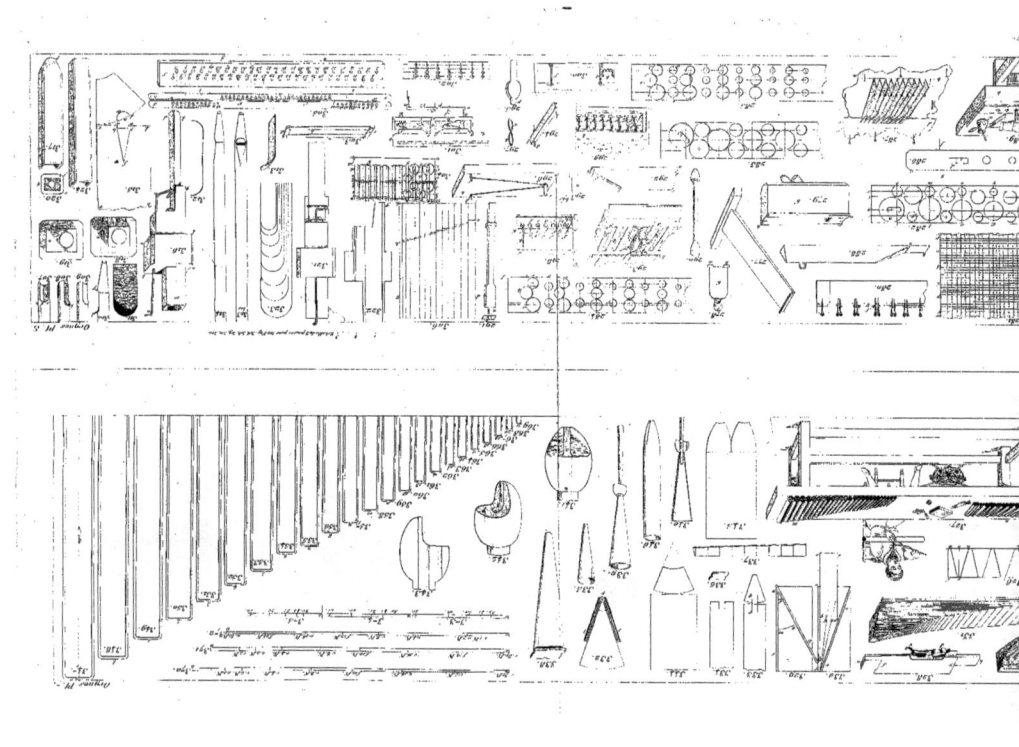

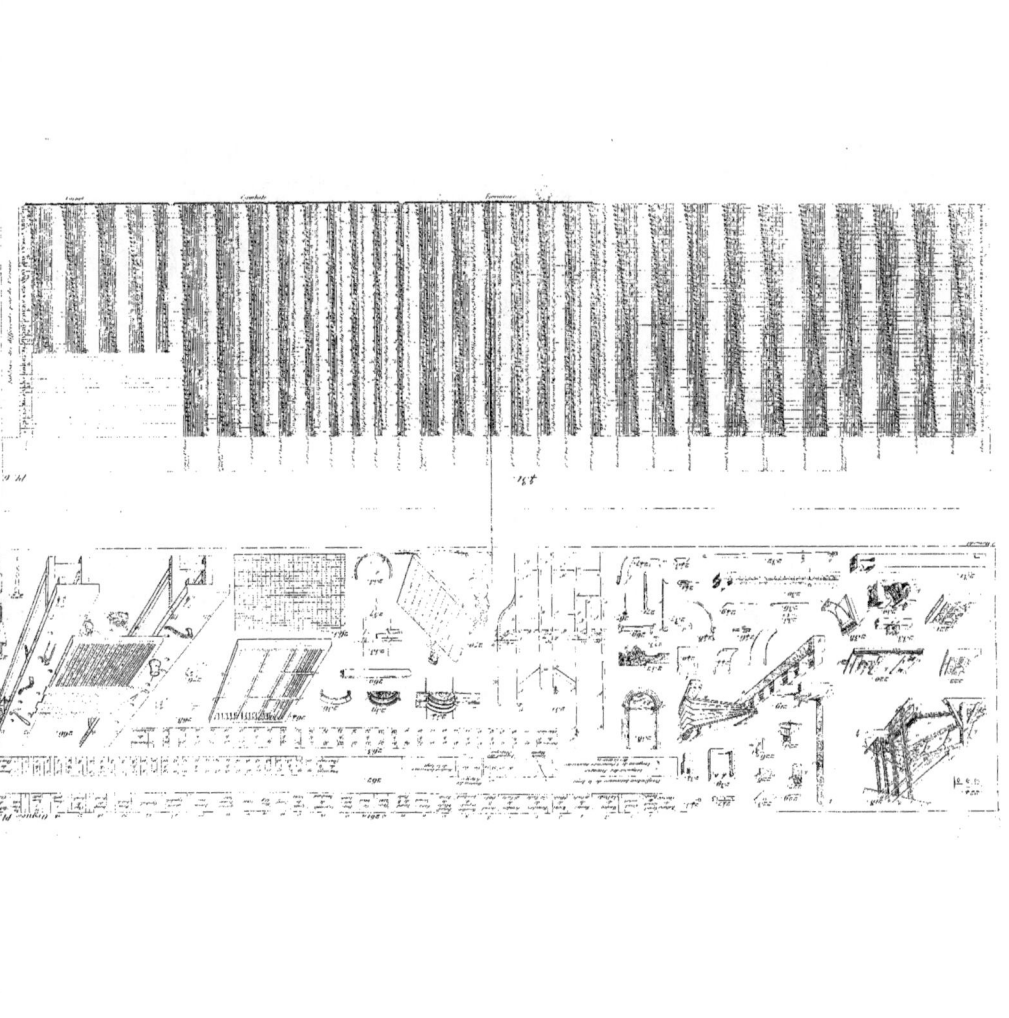

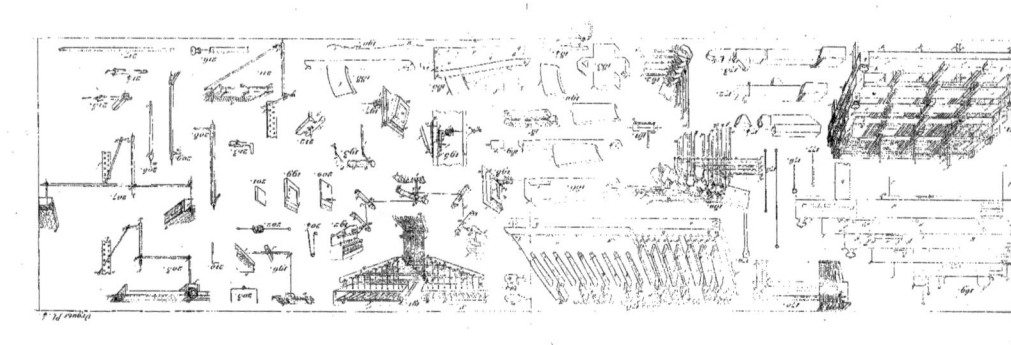
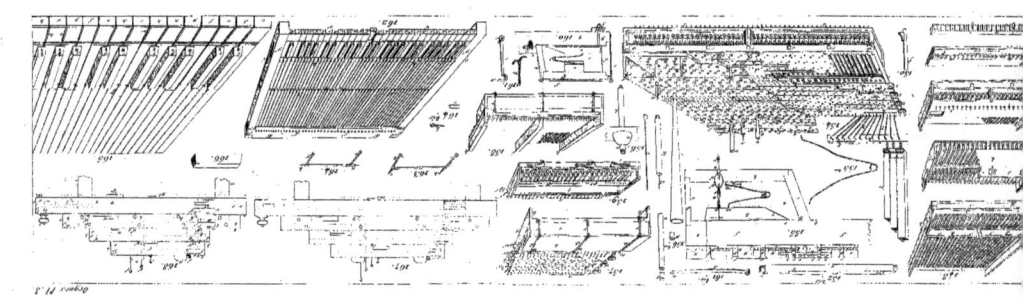

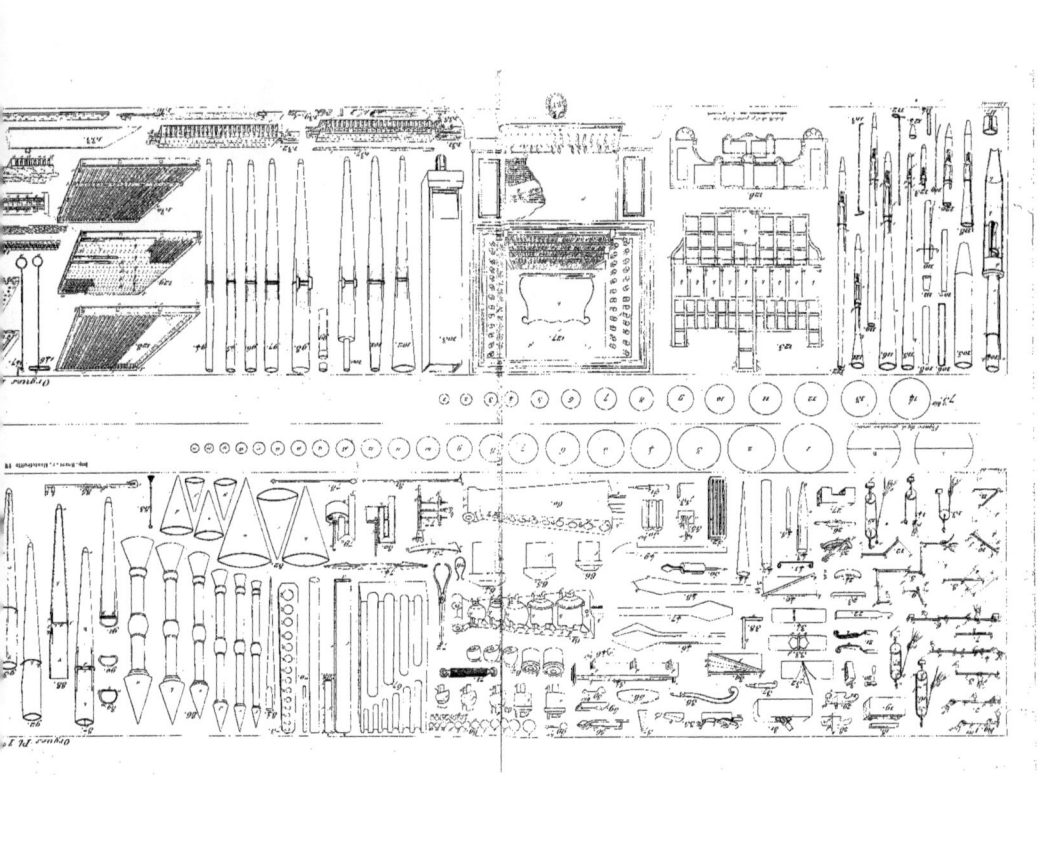

ENCYCLOPÉDIE-RORET

NOUVEAU MANUEL COMPLET
DU
FACTEUR D'ORGUES

NOUVELLE ÉDITION

CONTENANT

L'ORGUE DE DON BEDOS DE CELLES ET TOUS LES PERFECTIONNEMENTS DE LA FACTURE
JUSQU'EN 1849

Précédé d'une NOTICE HISTORIQUE par M. HAMEL

COMPLÉTÉ PAR

L'ORGUE MODERNE

TRAITÉ TECHNIQUE, HISTORIQUE ET PHILOSOPHIQUE

Renfermant tous les progrès accomplis dans la construction de cet instrument
DEPUIS 1849 JUSQU'EN 1903

ET SUIVI D'UNE

BIOGRAPHIE DES PRINCIPAUX FACTEURS D'ORGUES FRANÇAIS ET ÉTRANGERS

PAR

JOSEPH GUÉDON

ATLAS

PARIS
L. MULO, LIBRAIRE-ÉDITEUR
12, RUE HAUTEFEUILLE, VIe

1903

FACTEUR D'ORGUES

ENCYCLOPÉDIE-RORET

ENCYCLOPÉDIE-RORET

NOUVEAU MANUEL COMPLET
DU

FACTEUR D'ORGUES

NOUVELLE ÉDITION

CONTENANT

L'ORGUE DE DOM BÉDOS DE CELLES ET TOUS LES PERFECTIONNEMENTS DE LA FACTURE JUSQU'EN 1849

Précédé d'une NOTICE HISTORIQUE par M. HAMEL

COMPLÉTÉ PAR

L'ORGUE MODERNE

TRAITÉ TECHNIQUE, HISTORIQUE ET PHILOSOPHIQUE

Renfermant tous les progrès accomplis dans la construction de cet instrument

DEPUIS 1849 JUSQU'EN 1903

ET SUIVI D'UNE

BIOGRAPHIE DES PRINCIPAUX FACTEURS D'ORGUES FRANÇAIS ET ÉTRANGERS

PAR

JOSEPH GUÉDON

ATLAS

PARIS
L. MULO, LIBRAIRE-ÉDITEUR
12, RUE HAUTEFEUILLE, VIᵉ

1903